珍獣図鑑

シュールすぎる、飼える哺乳類たち

89種の

はじめに

世界中に生息する、さまざまなめずらしい動物たち。
からだの大きさや毛の長さもみんなそれぞれ個性がありますし、変わった習性のある子もいます。
本書でご紹介するのは、「日本で飼育できる、ちょっと変わった哺乳類たち」です。それぞれの動物たちの個性や魅力を尊重して飼育しましょう。

〈動物とともに暮らすための約束ごと〉

「動物たちのことを知ろう」
販売店や飼育経験のある方に聞くなどして、動物たちの生態をしっかりと理解してから飼育を開始しましょう。

「信頼できる主治医を見つけよう」
めずらしい動物はからだの構造などに不明点が多いので、受診を断られることも……。飼育開始前に自宅近くなどの動物病院に問い合わせて、主治医を見つけておくことが大切です。

「どんなときも愛をもってお世話しよう」
動物たちを飼育する上でのルールやマナーを守り、家族の一員として最期まで責任をもってお世話しましょう。

Contents もくじ

はじめに ……………………………………………………………………… 2
哺乳類の分類 ………………………………………………………………… 4
本書の使い方 ………………………………………………………………… 6
からだの測り方・特定動物とは……? ……………………………………… 8

第1章 ねずみの珍獣たち …………………………………………………… 9
Q&A ゴールデンハムスターって野生にもいるの? ……………………… 52

第2章 リスの珍獣たち ……………………………………………………… 53
Q&A フクロシマリスって、おなかに袋をもつシマリスなの? ……………… 68

第3章 うさぎの珍獣たち …………………………………………………… 69
Q&A ウサギみたいなネズミがいるって本当? ……………………………… 80

第4章 さるの珍獣たち ……………………………………………………… 81
Q&A 世界最速のサルを教えて!! ……………………………………………… 96

第5章 ウシ・ウマの珍獣たち ……………………………………………… 97
Q&A ミニブタって子犬くらいの大きさのままなの? ……………………… 110

第6章 とべる珍獣たち ……………………………………………………… 111
Q&A カンガルーはオスのおなかにも袋があるの? ………………………… 124

第7章 ハンターな珍獣たち ………………………………………………… 125
Q&A キツネみたいなふさふさのしっぽ! これはキツネなの? …………… 146

第8章 ふしぎな珍獣たち …………………………………………………… 147
Q&A 都内でハクビシンを発見! もともと日本に生息している動物なの? ……… 186

参考文献 ……………………………………………………………………… 187
プロフィール ………………………………………………………………… 188
索引 …………………………………………………………………………… 190

哺乳類の分類

- 哺乳類
  - 原獣亜綱
    - 単孔目(カモノハシ目)
  - 後獣下綱
    - アメリカ有袋類
    - オーストラリア有袋類
  - 真獣下綱
    - アフリカ獣類
    - 異節類
    - 北方真獣類

哺乳類とは……?

「胎生」
こどもを産む。ただし、単孔目に分類されるカモノハシなどは卵を産む「卵生」である。

「母乳で育てる」
メスは「母乳」という分泌物を乳腺から出し、こどもに一定期間与え、育てる。

「恒温動物」
体温を一定に保つことができる。ただし、ハダカデバネズミ(P184)などのように体温を一定に保てない種も存在する。

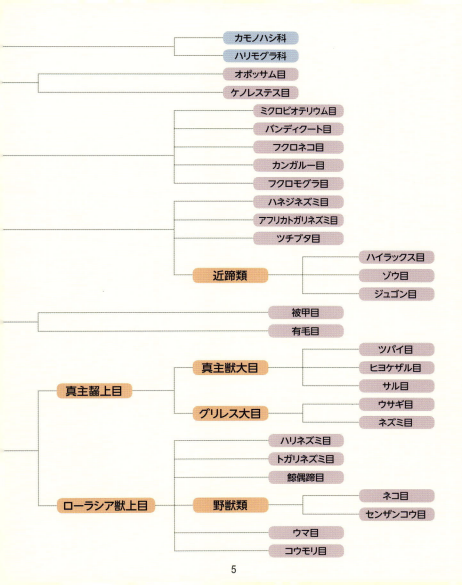

本書の使い方

価格 販売店により異なるので参考としてご覧ください。

学名 おもにラテン語で表記される、世界共通の名前。

POINT 飼育時の大切なポイント。詳しい飼育方法は販売店などで確認しましょう。

立派な頬袋をもつ、リスの代表格!

シマリス
Chipmunk

POINT!
飼育ケージの掃除はすみずみまでおこなって清潔に! 意外なところに腐りかけのエサが隠されているかも……。

飼育難易度 本書に登場する動物たちで比較した値。

🐾 手に入りやすく、飼いやすい
🐾🐾 手に入りにくく、飼いやすい
🐾🐾🐾 手に入りにくく、性質的に飼いにくい
🐾🐾🐾🐾 手に入りにくく、大きさや環境的に飼いにくい
🐾🐾🐾🐾🐾 手に入りにくく、大きさや性質的、環境的に飼いにくい

寿命 個体や飼育環境により大きく変動があります。

DATA

- **価格** ¥7,000　**飼育難易度** 🐾　**寿命** 7～8年
- **学名** Tamias　**分類** ネズミ目リス科シマリス属
- **原産国** ユーラシア大陸から東アジアにかけて
- **頭胴長** 12～17cm　**尾長** 8～13cm　**体重** 50～120g

リスの珍獣たち

森林地帯に生息する。高い運動能力をもち、地上、樹上どちらでも活発に行動。巣穴は木の空洞や地面に掘ったトンネルで、夜は巣穴で休み、日中に採食をおこなう昼行性である。冬眠時は単独だが、採食時は群れで行動することが多い。食料はおもに種子や木の実、果実、キノコ類などで、ときに鳥の卵や昆虫も食べる雑食性。食料を頬袋に詰めこんで巣穴へと運び、貯蔵する習性がある。頬袋は伸縮性があり、どんぐりであれば5～7個もいれることが可能だ。

名前の由来となった背中にある5本のしま模様が特徴的。長いしっぽは不安定な樹上をすばやく移動するのに役立つ。また、ワシやイタチなどの外敵に遭遇するとしっぽを振って威嚇し、眠るときはしっぽをからだに巻きつけて、ふとんのように用いる。

分布・原産国 野生種は分布、品種改良種は原産国と表記しています。

本文 それぞれの動物たちの生息環境や生態をご紹介。飼育時の参考にしましょう。

55

からだの測り方 ※すべて体毛は含めない。個体差がある。

頭胴長 からだをまっすぐにしたときの鼻先からしっぽのつけ根までの長さ。
尾長 しっぽのつけ根からしっぽの先までの長さ。
全長 頭胴長と尾長を足した長さ。

体高 地面から鬐甲（背骨の一番盛り上がった部分）までの高さ。

特定動物とは……？

危害を加える可能性のある危険な動物は「特定動物」に指定されています。特定動物を飼育するには各都道府県などへ届け出をし、許可を得る必要があります。お住まいの地方自治体に問い合わせをおこない、必要な設備の用意や書類の提出をして、かならず許可が下りてから特定動物を購入しましょう。

本書に掲載している動物では、パタスモンキー（P96）、アードウルフ（P142）、カラカル（P144）が特定動物に指定されています。（2016年現在）

第1章

ねずみの珍獣たち

パンダのようなハツカネズミ
パンダマウス
Panda mouse

DATA

価格 ¥2,000　**飼育難易度** 🐾　**寿命** 1～3年

学名 Mus musculus　**分類** ネズミ目ネズミ科ハツカネズミ属

原産国 地中海から中国にかけて

頭胴長 6.5～9.5cm　**尾長** 6～10.5cm　**体重** 12～30g

　品種改良によって生み出されたハツカネズミの一種で、野生には生息していない。

　体毛は短く、おしり部分や首から耳にかけて、黒い模様がはいっている。模様は個体差があるため、パンダと似ているとは限らない。しっぽと手足には毛が生えておらず、薄いピンク色の肌が露出している。指の数が異なり、前足の指は4本、後ろ足は5本だ。視力はあまり発達していないが、視界はほぼ360度あり、自分自身の真後ろを見ることもできる。おもに草や種子、昆虫などを食べる雑食性。

　日本では江戸時代から庶民のあいだでペットとして飼育されてきた。当時は「豆斑(まめぶち)」と呼ばれて、多くの人々に親しまれていた。おとなしい性格で人になれやすいため、ヨーロッパなどでも多く飼育されていたといわれる。

ねずみの珍獣たち

POINT!
中毒を引き起こすため、ネギ類やニンニクなどを与えないように！最悪の場合、死んでしまうことも……。

手のひらサイズの小さなウリ坊
シマクサマウス
Striped grass mouse

DATA
- 価格 ¥10,000　飼育難易度 🐾🐾
- 寿命 2〜3年
- 学名 Lemniscomys barbarus
- 分類 ネズミ目ネズミ科
- 分布 アフリカ
- 頭胴長 8〜12cm
- 尾長 10〜14cm
- 体重 30〜60g

POINT!
運動不足にならないように、飼育ケージ内に回し車を設置しよう!

イノシシのこどもであるウリ坊に似た模様から「ウリボーマウス」とも呼ばれるシマクサマウス。背中のしま模様は、明るい茶色や薄い茶色、濃い茶色の線が交互にはいり、おなかには白い毛が生えている。しっぽにはほとんど毛が生えていない。

　草や木の葉、種子、昆虫を食料とする雑食性で、サバンナや草原、低木林などに生息。草や木の葉を丸いかたちに編み上げ、巣穴としている。夜行性だが、日中に活動することもあり、早朝や夕方ごろがもっとも活発になる。猛禽類やマングース、ジャッカル、チーターなど外敵が多い。

　20日前後の妊娠期間を経て、平均5〜6匹、多いときは12匹を出産。生まれたときは体重が3gほどしかなく、おとなと同じように背中にしま模様をもつ。目は生後1週間ほどで開く。

ねずみの珍獣たち

ロボロフスキーハムスター

2頭身しかない最小のハムスター

Roborovski hamster

DATA

価格 ¥2,000〜10,000　**飼育難易度** 🐾　**寿命** 2〜3年

学名 Phodopus roborovskii

分類 ネズミ目キヌゲネズミ科ヒメキヌゲネズミ属

原産国 ロシア、モンゴル、カザフスタン、中国

頭胴長 7〜10cm　**尾長** 1cm　**体重** 15〜30g

POINT!

小型のネズミはからだが弱りやすいのでスキンシップは少なめに! 鑑賞用としての飼育がおすすめ!

　品種改良により生まれ、ペットとしての歴史はまだ新しい。愛嬌のある姿や多頭飼育にも向いていることからペット人気の高い品種だ。

　ハムスターのなかでもっとも小さく、目の上に生えたまゆ毛のような白い毛が特徴。からだのサイズと比べて、あたまと手が大きいので2頭身に見える。ひまわりの種など種子類を好んで食べるが、種子は脂肪分が多く、肥満の原因になるので、与える際はごく少量にすること。

　比較的、寒さには強いが、急激な温度変化に弱い。体温を維持し、砂の上も歩行しやすいように、足の裏に

ねずみの珍獣たち

はびっしりと毛が生えている。運動量が多く、睡眠時以外はすばやく走りまわり、活発に行動。なわばりにマーキングするため、走りながら排尿するという、ほかのハムスターにはない変わった習性がある。

野性味あふれる巨大ハムスター
ヨーロッパハムスター
European hamster

DATA

価格 **¥40,000**　飼育難易度 🐾　寿命 2〜4年
学名 **Cricetus cricetus**　分類 ネズミ目キヌゲネズミ科
分布 ヨーロッパから東アジアにかけて
頭胴長 20〜34㎝　尾長 4〜6cm　体重 700〜1000g

　おなかに黒っぽい毛が生えていることから、「クロハラハムスター」とも呼ばれる。顔など見た目はゴールデンハムスターに似ているが、大きさはその何倍もあり、モルモットのようだ。
　おもに単独で行動し、地下2mもの長いトンネルを掘って巣穴とする。夏のあいだに種子や木の実、植物の根を巣穴にためこみ、冬になると巣のなかで5〜7日ごとに起きて食料を食べて過ごす。夏はイモムシなども食べる草食性傾向の強い雑食性。器用な手先で食料をつかんで食べる。見た目は可愛らしいが、非常に神経質で警戒心があり、野性味が強い。安全確認のため、後ろ足で立ち上がって周囲のにおいを嗅ぐ。あごの力が強く、外敵に遭遇すると噛みついて攻撃する。妊娠期間は18〜20日。こどもは生後8週間でおとなになる。

POINT!

噛まれると大怪我に……! 妊娠中や子育て中のメスは凶暴性が増すので要注意!

ねずみの珍獣たち

器用な手先で、特殊な巣をつくる
ヨーロッパカヤネズミ
Harvest mouse

DATA

価格 **¥20,000**　飼育難易度 🐾🐾　寿命 3年

学名 **Micromys minutus**　分類 ネズミ目ネズミ科カヤネズミ属

分布 ヨーロッパ　頭胴長 5〜8cm　尾長 4.5〜7.5cm　体重 5〜7g

　野生では半年しか生きられない、小さなからだのカヤネズミはとても器用な手足としっぽをもっている。

　田畑や川などの近くに生息し、地上から50cm以上の高い場所に、直径8〜12cmのボール状の巣をつくる。後ろ足としっぽで茎につかまり、手で草を編みこむため、その作業時間は4〜5時間にも及ぶ。これは暑さや川の氾濫、外敵から身を守ることにつながる大切な作業だ。メスは手先の器用な個体が多く、きれいなボール状の巣をつくることが可能である。夕方に活発さが増し、種子や草、穀物類を食べ、夏は幼虫なども捕食。20日前後の妊娠期間を経て、2〜6匹を出産する。多産で、ときには12匹以上産むが、食料不足に陥ると自分のこどもを食べてしまう。日本固有種のカヤネズミは保護の対象であり、飼育不可である。

POINT!
日本固有のカヤネズミの生態系が崩れる可能性があるので、絶対に脱走させないこと!

ねずみの珍獣たち

冬眠中は絶対に目覚めない
アフリカヤマネ
African dormouse

DATA

価格 **¥15,000**　飼育難易度 🐾🐾　寿命 3〜7年
学名 Graphiurus murinus　分類 ネズミ目ヤマネ科アフリカヤマネ属
分布 アフリカ　頭胴長 7.5〜10.5cm　尾長 6〜9.5cm　体重 18〜30g

夜行性で、森林地帯などに生息し、木の空洞や民家の屋根裏を巣穴とする。

　気温15℃以下になると冬眠準備を開始し、多くの種子や穀物類、昆虫、果実を食べて、からだに脂肪を蓄える。巣のなかにはふとん代わりのコケや木の葉を敷いておく。気温5℃を下回ると、最大7か月間の長い冬眠にはいる。ボール状に丸まった姿勢のまま眠り続け、春まで一度も目を覚ますことはない。からだについた脂肪分だけで乗り切るのだ。飼育時は、死んでしまうおそれがあり、危険なので冬眠にはいらないように温度管理を徹底すること。

　背中の体毛は茶褐色や灰褐色で、爪はするどく、木登りに適している。性格は臆病で警戒心が強く、嗅覚の発達した鼻の先をつねに動かし、外敵がいないか確認する。猛禽類などの外敵に襲われるとしっぽをちぎって逃げる。

ねずみの珍獣たち

POINT!
しっぽの扱いは優しく! ちぎれると、感染症にかかって死んでしまうかもしれないので気をつけよう!

ぷにぷにの太いしっぽがチャームポイント
オブトアレチネズミ
Fat-tailed gerbil

DATA

価格 **¥10,000**	飼育難易度	寿命 3～6年
学名 Pachyuromys duprasi		分類 ネズミ目ネズミ科
分布 アフリカ北部	頭胴長 9.5～13cm	
尾長 4～4.5cm	体重 20～50g	

POINT!

湿度の高い環境は苦手……! エアコンの除湿などを利用して、室内の湿度を下げて!

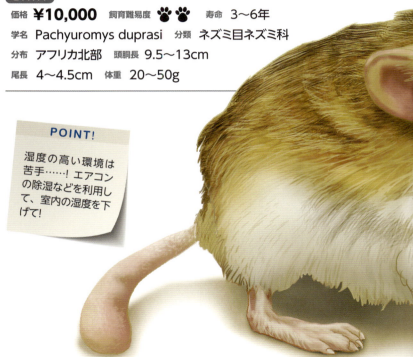

ほかのネズミ類よりも太く短いしっぽをもつことから、「ファットテール・ジャービル（太いしっぽのスナネズミ）」とも呼ばれるオブトアレチネズミ。このしっぽには脂肪が蓄えられており、さわり心地はぷにぷにと弾力性があるため「マカロニマウス」と呼ばれることもある。

半砂漠地帯などの乾燥した土地に生息し、地下に掘った巣穴で、単独もしくは群れで暮らす。昼行性だが、気温の高い時間帯は巣穴のなかで休み、夕方から採食をおこなう。雑食性で、種子や木の根、葉、コオロギなどの昆虫を食べ、水分摂取量は少なくても活動可能である。排せつ量は少なく、尿の濃度は高いが、あまりにおいはしない。おだやかでおっとりした性格の個体が多いといわれている。

ねずみの珍獣たち

背中にトゲという名の「剛毛」が生えたネズミ
カイロトゲマウス
Cairo spiny mouse

DATA

価格 **¥6,000**　飼育難易度 🐾🐾

寿命 3〜5年　学名 Acomys cahirinus

分類 ネズミ目ネズミ科トゲマウス属

分布 アフリカ北部、アフリカ東部、中東

頭胴長 7〜12cm　尾長 10〜15cm　体重 30〜40g

POINT!
捕まえるのが大変なほど動きがすばやいので、飼育ケージの掃除中などに逃げられないよう注意!

　名前にトゲとあるとおり、背中にトゲをもつ。しかし、ハリネズミのようにするどくかたい針状ではなく、剛毛が生えているのだ。この剛毛はザラリとしたさわり心地で、さわっても刺さることはなく、外敵への攻撃に用いることはできない。サハラ砂漠周辺など暑い地域に生息するため、からだの熱を放射する目的で剛毛になった説が有力だ。生まれたばかりのこどもは全身がやわらかい毛で覆われ、成長するに従い、背中だけが剛毛に変化していく。

　昼行性で、とくに早朝や夕方ごろに活発さが増し、木の実や種子、葉を中心に食べ、ときに昆虫を捕食するこ

ともある草食傾向の強い雑食性。丸い耳と大きな目をもち、鼻先はとがっているためシャープな顔つきをしている。性格は比較的、温和なことが多い。

ねずみの珍獣たち

500円玉サイズの極小ネズミ
コビトハツカネズミ
Pygmy mouse

DATA
価格 **¥6,000**　飼育難易度 🐾🐾　寿命 1〜2年
学名 **Mus minutoides**　分類 **ネズミ目ネズミ科ハツカネズミ属**
分布 **アフリカ南部**　頭胴長 **5〜6cm**　尾長 **4〜5cm**　体重 **3.5〜6g**

「世界一小さなネズミ」といわれ、そのからだの大きさは500円硬貨と同じくらいと非常に小さい。生まれたときの大きさはなんと1.5〜2cmしかなく、これは1円硬貨とほぼ同じサイズである。「アフリカンドワーフマウス」などさまざまな呼び名をもつ。

　大きな目が特徴的。体毛は薄い茶色で、あごからおなか全体にかけて白く、長いしっぽには毛が生えていない。からだは非常に小さいが、30cm以上も垂直に跳びはねるほどの跳躍力をもち、動きは俊敏。臆病な性格のため、大きな音で驚かさないようにすること。

　サハラ砂漠以南のアフリカに生息。やわらかい土を掘って巣穴をつくり、夜に行動している。果物や種子、昆虫などを捕食する雑食性。繁殖力は強く、一度に2〜8匹を出産し、こどもは生後20日ほどでおとなへと成長する。

ねずみの珍獣たち

POINT!
ハムスター用の飼育ケージはすき間から逃げてしまうのでNG！水槽やプラスチックケースで飼育するのが安心！

コミュニケーション能力の高いネズミ
デグー
Degu

DATA
価格 **¥2,000〜30,000**　飼育難易度 🐾　寿命 **5〜8年**
学名 **Octodon degus**　分類 **ネズミ目デグー科デグー属**
分布 **南アメリカ**　頭胴長 **17〜21cm**　尾長 **8〜14cm**　体重 **170〜300g**

　アンデス山脈の標高1200m近くに生息。地下に掘ったトンネル状の広い巣穴で生活。知能が高く、多彩な鳴き声でコミュニケーションをとりながら、家族の群れで暮らしている。草食性で種子や草、果物を食べる。乾期などに食料が不足すると、草食動物の糞や自分自身の糞を食べて飢えをしのぐ。

　きれい好きで、毛づくろいや砂遊びをおこなって毛を清潔に保っている。長いしっぽの先端には房状に毛が生え、外敵につかまれるとすぐにちぎれてしまう。岩場や崖の移動に適した、頑丈な後ろ足をもち、跳躍力もあるため段差などは簡単に跳び越えることができる。

　ネズミのなかでも妊娠期間が90日と長く、一度に1〜5匹を出産。生まれたとき、すでにこどもたちの目は開いており、耳も聞こえ、毛は生えそろっている。

POINT!

ネズミのなかまだが、完全な草食性のため、ウサギと同じようなエサを与えよう。

ねずみの珍獣たち

長いストレートヘアのモルモット
シェルティ
Sheltie guinea pig

POINT!

ブラッシングが大事！毎日しないと毛がからまって大変なことに……！

DATA

価格 ¥10,000 **飼育難易度** 🐾 **寿命** 5〜8年 **学名** Cavia porcellus
分類 ネズミ目テンジクネズミ科テンジクネズミ属
原産国 イギリス **頭胴長** 20〜40cm **尾長** 0cm **体重** 500〜1500g

1973年にイギリスで認められた品種で、アメリカでは「シルキー」とも呼ばれて親しまれている。あたまの毛はあまり伸びないが、からだの流れに沿って生えた毛は非常に長く、その姿はまるで小さなモップのよう。このやわらかな体毛のさわり心地はなめらかだ。おしりまわりの毛は排せつ時に汚れやすいので、短めにカットしておくことで汚れるのを防げる。ずんぐりとした体型でしっぽはほとんどなく、四肢は短い。

モルモットの原種であるテンジクネズミは群れで生活しているため、多頭飼育向き。人になれやすく、甘えん坊で寂しがり屋な個体が多い。野生種は夜行性だが、飼育個体は順応性が高く、飼い主と同じ生活サイクルで活動可能。完全な草食性で、ウサギやデグーのように食糞する。

縮れたふわふわの毛のモルモット
テッセル
Texel guinea pig

DATA

価格 **¥9,000** 飼育難易度 🐾 寿命 5〜8年 学名 Cavia porcellus
分類 ネズミ目テンジクネズミ科テンジクネズミ属
原産国 **イギリス** 頭胴長 20〜40cm 尾長 0cm 体重 500〜1500g

ねずみの珍獣たち

　1980年代のイギリスで、レックス（縮れた短い体毛が特徴の1970年代に確立された品種）のオスと、シェルティのメスを交配させて生まれた。

　全身の毛がウェーブ状に縮れているのが特徴。あたまの毛もウェーブしており、からだの毛よりも短くなっている。シェルティと同じく、毛はからまりやすいため、定期的なブラッシングが必要だ。こどもは生まれた時点ですでに毛が縮れている。オスのほうがメスよりも大きなからだになることが多い。

　草や種子を食べる草食動物のため警戒心が強く、物音には敏感に反応する。身の危険を感じると『キーキー』、恐怖感が強いときや興奮状態のときは『ドゥルルー』、うれしいときは甲高い声で『ピーピー』と鳴く。

POINT!

毛がからまってほどけないときは、無理にほどかず、からまった部分をハサミでカットしよう！

はだかのモルモット
スキニーギニアピッグ
Skiney guinea pig

DATA

価格 **¥25,000**　飼育難易度 🐾　寿命 **4〜6年**　学名 **Cavia porcellus**
分類 **ネズミ目テンジクネズミ科テンジクネズミ属**　原産国 **カナダ東部**
頭胴長 **20〜30cm**　尾長 **0cm**　体重 **700〜1200g**

　1978年にカナダで誕生した品種である。ケベック州モントリオールの研究所で飼育されていたモルモットが突然変異により無毛で生まれたのだ。「ヘアレス」や「手乗りブタ」とも呼ばれる。

　まったく体毛の生えていない無毛タイプと、鼻先や足、背中に縮れた体毛をもつタイプがいる。どちらもほぼ無毛なので、寒い場所や湿度の高い環境ではからだが弱りやすい。肌の色はおもに黒、灰色、サーモンピンクの3色。ぶち模様がはいることもある。

　一度に2〜4匹を出産するが、スキニーギニアピッグの繁殖は非常にむずかしい。ペット市場に出まわっているのはオスがほとんどで、メスは希少だ。臆病で寂しがり屋な反面、好奇心旺盛な性格で人になつきやすい。

POINT!
無毛の肌はデリケートで皮膚病にかかりやすい。動物用の保湿クリームで保護してあげよう!

ねずみの珍獣たち

ふわふわな毛とずんぐり体型の愛らしいネズミ
チンチラ
Chinchilla

DATA
価格 **¥50,000**　飼育難易度 🐾　寿命 10年
学名 Chinchilla lanigera　分類 ネズミ目チンチラ科チンチラ属
分布 南アメリカ　頭胴長 25〜26cm　尾長 13〜16cm　体重 400〜500g

　標高3000〜5000mのアンデス山脈に生息し、岩の割れ目や洞穴などを巣穴としている。家族の群れで暮らし、群れの個体数はときに100匹を超える。群れではメスのほうが上位の存在だ。

　一つの毛根から50〜100本もの毛が生えた、やわらかい体毛をもつ。皮脂を分泌することで毛のつやを保ち、断熱効果を高めているため、寒さには強いが、暑さに弱い。細かい砂をからだにまとわせることで皮脂のバランスを保っている。

　体型は丸いが、大きな後ろ足で1m以上跳べるほどの高い運動能力をもち、メスのほうが大きなからだになる。小さな前足を器用に使って、葉や根、穀物類、果実などを食べる草食性。水分はおもに食物から摂取している。そのため排せつ量は少なく、体臭もあまりない。好奇心旺盛で人によくなつくが、非常に臆病で大きな音に弱い。

POINT!
ケージ内にチンチラ専用の砂を設置! 大好きな砂遊びをさせてふわふわな毛を保たせよう!

ねずみの珍獣たち

チャームポイントはむき出しの前歯
コタケネズミ
Lesser bamboo rat

DATA
価格 ¥120,000　**飼育難易度** 🐾🐾　**寿命** 5年
学名 Cannomys badius　**分類** ネズミ目ネズミ科コタケネズミ属
分布 南アジア、東南アジア
頭胴長 15〜27cm　**尾長** 6〜7cm　**体重** 500〜800g

　森林や草原にトンネル状の巣穴を掘って暮らしている。日中は眠って過ごし、夜になると巣穴から出て、植物の根や草、穀物類といった食料を探しはじめる。食料はかならず巣穴にもち帰ってから食べるという習性がある。

　目と耳は小さく、するどく長い爪や丸みのある寸胴体型はモグラに似ているが、ネズミのなかまだ。前足と後ろ足、しっぽには毛が生えていない。

　最大の特徴は大きな前歯。あざやかなオレンジや黄色をしているが、これは汚れではなく、もとからである。非常に温厚な性格のため、人に噛みつくことはまずないといわれている。マイペースでのんびりとした性格で、甘えん坊な個体が多い。人になつきやすく、寝るのが大好き。鳴き声は意外とか細い。

> **POINT!**
> 前歯が伸びすぎた場合、ペンチやニッパーで切らないように! 動物病院にある専用の機械で切ってもらおう!

カンガルーのように跳ぶネズミ
オオミユビトビネズミ
Greater egyptian jerboa

DATA

価格 **¥70,000**　飼育難易度 🐾🐾　寿命 3〜6年

学名 Jaculus orientalis

分類 ネズミ目トビネズミ科ミユビトビネズミ属

分布 モロッコから南イスラエル　頭胴長 9.5〜16cm

尾長 13〜25cm　体重 55〜134g

ねずみの珍獣たち

POINT!

跳びはねたときにぶつかると危険！ 広くて高さのある飼育ケージを選ぼう！

　砂漠地帯で、地下に巣穴を掘って群れで行動している。夜行性で、日中は巣穴で休んで過ごす。多くの水を必要とせず、食物から水分を摂取し、葉や根、種子、昆虫などを食べる雑食性。カンガルーのように長く大きな後ろ足は、体長とほぼ同等の長さである。移動時に足が砂に埋もれにくいように、足の裏には短い毛が生えている。通常は10cmほど跳びはねて移動するが、外敵に遭遇すると1m以上、ときに3m近く跳びはねて、すばやく逃げる。体長よりも長いしっぽの先端には黒い房毛が生えているのが特徴だ。

　一度に平均3匹、多いと8匹ほどを出産する。生まれたばかりのこどもはまだ毛が生えそろっておらず、後ろ足も長くない。攻撃的になることはあまりなく、おっとりした性格。

無防備すぎる寝姿
バルチスタンコミミトビネズミ
Baluchistan pygmy jerboa

POINT!
仰向け姿勢でも寝ているだけで死んでしまったわけではないのでご安心を！しばらく様子を見てあげよう！

DATA

価格 **¥60,000**　飼育難易度 🐾 🐾　寿命 3年
学名 Salpingotulus michaelis　分類 ネズミ目トビネズミ科
分布 南西アジア
頭胴長 3.6～4.7cm　尾長 7.2～9.4mcm　体重 4～5g

ねずみの珍獣たち

2010年までに発見された哺乳類のなかでもっとも小さく、「世界一小さなネズミ」としてギネスに認定されたことがある。「ピグミー・ジェルボア」とも呼ばれている。

活動は夜。季節ごとの寒暖差が激しく、雨はほぼ降らないという厳しい環境の砂漠地帯に生息。おもに単独で行動していると考えられている。巣穴は地下に掘った穴。冬眠はせず、冬はからだの代謝を落として過ごす。

小さな昆虫や幼虫を中心に、葉や根、種子を食べる。タンパク質不足になると共食いをしてしまうことも。体長の2倍近い長さのしっぽに脂肪分をためこむことができるため、栄養不足だと細く、栄養過多のときは太くなる。寝姿勢は仰向けで、一度眠るとなかなか起きない。警戒心や攻撃性はあまりなく、無防備なことが多い。

シカのような見た目のモルモットのなかま
マーラ
Patagonian hare

DATA
価格 **¥300,000** 　飼育難易度 🐾🐾🐾🐾🐾 　寿命 10〜15年
学名 Dolichotis patagonum
分類 ネズミ目テンジクネズミ科マーラ属
分布 南アメリカ　頭胴長 70〜75cm
尾長 4〜5cm　体重 8〜9kg

POINT!
トイレのしつけは難しいため広い庭での飼育が望ましい。ただし、高さのある柵や塀は必須!

モルモットと同じテンジクネズミ科に属する。長い耳はウサギに似ており、細い四肢やからだつきは小さなシカのようだ。短いしっぽと、おしりの下半分に生えた白い毛が特徴。

運動能力は高く、時速45kmの速さで1km以上も走り続けることやジャンプしながら空中で180度の方向転換も可能。発達した肉球とひづめ状のかぎ爪のある後ろ足ですばやく跳びはねるように走る。

生息地は草地や低木地帯など。最大40頭ほどの群れで暮らしており、昼行性で、早朝に日光浴をおこなう。イネ科の草、木の葉や枝を食べる草食性。一夫一妻制で、90日の妊娠期間を経て1〜3匹を出産する。母親はこども専用の巣穴の前で出産し、こどもは自力で巣穴へとはいっていく。

ねずみの珍獣たち

泳ぎの得意な巨大ネズミ
カピバラ
Capybara

DATA

価格 **¥700,000**　飼育難易度 🐾 🐾 🐾 🐾　寿命 7〜12年

学名 Hydrochaerus hydrochaeris

分類 ネズミ目カピバラ科カピバラ属　分布 南アメリカ東部

頭胴長 100〜130cm　尾長 0cm　体重 50〜70kg

　最大種のげっ歯類であり、水辺の近い草原などに生息。平均11頭、多いときには20頭以上の群れで暮らす。乾期は同じ水辺に複数の群れが集まり、その数は100頭以上になることもある。イネ科の植物を好み、おとなは一日に2.5〜3.5kgもの食料をたいらげる。

　手足に小さな水かきをもち、泳ぎが得意。5分程度であれば潜水も可能だ。するどい爪をもたず、速く走ることもできないので外敵が多い。ジャガーやピューマなどの肉食獣に遭遇すると、水中に逃げて身を守る。

　平均3〜4頭を出産。こどもは生まれたとき、体重 1〜1.5kgで、歯も生えているため、すぐに草を食べられる。生後数時間で走ることも泳ぐこともできるという。おだやかな性格で人によくなつく。

POINT!
排せつはおもに水中でおこなうので、大きな池やプールがあると良い。すぐに汚れるのでこまめに掃除してあげよう!

ねずみの珍獣たち

木をかじり倒す達人
アメリカビーバー
American beaver

DATA
価格 **¥500,000**　飼育難易度

寿命 20〜25年　学名 Castor canadensis

分類 ネズミ目ビーバー科　分布 北アメリカ

頭胴長 74〜88cm　尾長 26〜33cm

体重 11〜26kg

ねずみの珍獣たち

POINT!
室内飼育すると木製の家具は一晩でかじられてしまう！屋外飼育の場合も、木製の柵ではかじって脱走するので気をつけて！

　森林地帯の川や湖に生息し、家族の群れで生活。ダムなど独特な巣をつくる。地上での動きは鈍いが、水中では機敏で15分間も潜水できる。噛む力は80kgもあり、直径20〜30cmの木は10分程度あればかじり倒せる。食料は木の葉や枝、樹皮、根で、おとなは一日に2kgも食べる。

　前足の指は5本あり、木の枝や石を器用につかむことが可能。茶褐色の体毛は油分が多いので水をよくはじく。しっぽは無毛で、平たく幅広の形状をしており、表面にはうろこがある。外敵が近づいてくると、しっぽで水面を叩いて大きな音を出し、家族に危険を知らせる。

　90日の妊娠期間を経て、平均3匹を出産。こどもは1年以上かけて親から巣づくりを学ぶため、2年間は親もとで過ごす。

するどく長い針で突進
アフリカタテガミヤマアラシ
African crested porcupine

DATA

価格 ¥500,000　**飼育難易度** 🐾🐾🐾🐾🐾　**寿命** 20年以上

学名 Hystrix cristata　**分類** ネズミ目ヤマアラシ科

分布 北アフリカ、南ヨーロッパ

頭胴長 60〜83cm　**尾長** 10〜17cm　**体重** 10〜24kg

　サバンナや草原に生息し、小さな家族の群れで暮らす。巣穴は地下に掘ったトンネルや洞穴。一夫一妻制で、一度に1〜4頭のこどもを産む。

　背中からおしりにかけて、長さ30cmのするどい針がびっしりと生えている。毛色は白と黒のまだら模様で、これは自分が危険な存在だと外敵に知らせるしるしだ。針の生え変わりは早く、からだを振っただけで抜け落ちる。外敵に遭遇すると、後ろ足を踏み鳴らし、空洞になっているしっぽの針を振ってガラガラと音を出す。外敵に攻撃を加えるときはおしりを相手に向けた状態で突進する。

　木の葉や樹皮、果実、昆虫を食べる雑食性で、噛む力が強いため、小動物は骨ごと食べられる。小さな目の視力は弱い。泳ぎが得意である。

ねずみの珍獣たち

POINT!
針の先はつり針のようにかえしがあり、刺さるとなかなか抜けない! 無理に抜かずに病院へ!

Q ゴールデンハムスターって野生にもいるの?

A います! ちなみにゴールデンハムスターはみんな親戚同士って知っていましたか?

　生息地では「幻の動物」と呼ばれるほど、めずらしいゴールデンハムスターですが、1930年にシリアで1匹のメスと12匹のこどもたちが発見されました。この13匹の近親交配により個体数を増やしたため、現存するすべてのゴールデンハムスターがあの日に見つかった13匹と血がつながっているのです。

ゴールデンハムスター
Golden hamster

学名 Mesocricetus auratus
分類 ネズミ目キヌゲネズミ科
頭胴長 13～13.5cm
尾長 1.5～2cm
体重 100～125g

乾燥した土地に生息し、単独で行動。気温が低くなると冬眠にはいる。頬袋にひまわりの種を数十個もいれることが可能。1930年以降、野生では発見されておらず、野生種は絶滅危惧種に指定されている。

第2章 リスの珍獣たち

立派な頬袋をもつ、リスの代表格!
シマリス
Chipmunk

POINT!
飼育ケージの掃除はすみずみまでおこなって清潔に! 意外なところに腐りかけのエサが隠されているかも……。

DATA

価格	**¥7,000**	飼育難易度	🐾	寿命	7〜8年
学名	Tamias	分類	ネズミ目リス科シマリス属		

原産国　ユーラシア大陸から東アジアにかけて
頭胴長　12〜17cm　　尾長　8〜13cm　　体重　50〜120g

リスの珍獣たち

　森林地帯に生息する。高い運動能力をもち、地上、樹上どちらでも活発に行動。巣穴は木の空洞や地面に掘ったトンネルで、夜は巣穴で休み、日中に採食をおこなう昼行性である。冬眠時は単独だが、採食時は群れで行動することが多い。食料はおもに種子や木の実、果実、キノコ類などで、ときに鳥の卵や昆虫も食べる雑食性。食料を頬袋に詰めこんで巣穴へと運び、貯蔵する習性がある。頬袋は伸縮性があり、どんぐりであれば5〜7個もいれることが可能だ。

　名前の由来となった背中にある5本のしま模様が特徴的。長いしっぽは不安定な樹上をすばやく移動するのに役立つ。また、ワシやイタチなどの外敵に遭遇するとしっぽを振って威嚇し、眠るときはしっぽをからだに巻きつけて、ふとんのように用いる。

特徴的な鳴き声でなかまとコミュニケーション
アメリカアカリス
American red squirrel

DATA

価格 **¥140,000**　飼育難易度 🐾🐾🐾　寿命 5〜9年

学名 Tamiasciurus hudsonicus　分類 ネズミ目リス科

分布 北アメリカ　胴長 16.5〜23cm　尾長 9〜16cm　体重 140〜310g

「世界一騒がしいリス」といわれるほどよく鳴き、『キチキチ、キチキチ』という声で鳴くことから「チッカリー」という愛称をもつ。とくに食料を奪い合うときや発情期は激しく大きな鳴き声を上げる。発情期は年に1〜2回あり、35日の妊娠期間の後、3〜7匹を出産。生まれたばかりのこどもの体重はわずか7gほどしかない。生後1か月でおとなと変わらない大きさに成長するが、この時点ではまだしっぽの毛が生えそろっていない。

　生息地はおもに針葉樹林地帯で、民家の近くにもよく姿をあらわす。おなかの体毛は白く、背中やしっぽは赤みがかった茶色やオリーブ色をしている。種子や木の実、キノコなどを食べる草食性で、冬になる前に松ぼっくりなどを地中に浅く埋め、食料を貯蔵する習性がある。

POINT!
室内で飼育するときは窓を開けっぱなしにしないように気をつけよう！ 近隣にお住まいの方々への配慮は大切に！

リスの珍獣たち

全長1メートル超の巨大リス
インドオオリス
Ratufa indica

DATA

価格 ¥700,000　**飼育難易度** 🐾🐾🐾　**寿命** 10年

学名 Indian giant squirrel

分類 ネズミ目リス科オオリス属　**分布** 南アジア

頭胴長 35～43cm　**尾長** 35～60cm　**体重** 1500～2000g

　落葉樹林に生息するインドオオリスは樹上生活するリスのなかで最大級。頭胴長と尾長を合わせると全長1mにもなる。

　大型のボール状の巣を木の枝に吊るし、単独もしくはオスメスの夫婦で生活。巣は複数つくり吊るすこともある。なかまとのコミュニケーションはおもに鳴き声で、響く大きな声を出す。外敵であるヒョウなどの気配を察知すると、サルのような鳴き声を上げ、家族に危険を知らせる。外敵から逃げるときは木々のあいだを最大6mもジャンプするほど、身体能力が高い。

　食料はシマリスなどと同様、種子や木の実、果実を中心に、たまに昆虫なども捕食。食事中は、木の枝にぶら下がるような独特のポーズをとる。長いしっぽでうまくバランスをとるため、樹上から落下することはまずない。

リスの珍獣たち

POINT!

野生に近い環境を目指して、広めの飼育ケージのなかには巣箱や登り木を設置しよう!

もっとも美しい毛色をもつジリス
コロンビアジリス
Columbian ground squirrel

DATA

価格 ¥25,000　**飼育難易度** 🐾🐾　**寿命** 5〜6年

学名 Urocitellus columbianus　**分類** ネズミ目リス科ジリス属

分布 カナダおよびアメリカ合衆国

頭胴長 25〜29cm　**尾長** 8〜11.5cm　**体重** 340〜810g

　生息地であるカナダのブリティッシュコロンビアが名前の由来。地下に長さ20m以上もの深いトンネルを掘って巣穴とし、小さな群れで生活している。高原の草地などで活動して、夏のあいだに多くの食料を巣穴に運び、貯蔵しておく。おもな食料は種子や球根、花などで、ときに昆虫も食べる。寒さに弱いため、冬眠の期間はおよそ8か月と非常に長く、1年の大半は寝て過ごしている。

　なかまに出会うと、チュッとキスのような挨拶をおこなう。これは口のまわりの臭腺から、お互いのにおいを嗅ぎ、コミュニケーションをとっているのだ。もっとも体色の美しいジリスといわれ、赤茶色や黄みがかった褐色、灰色などあざやかな毛色だ。あまり鳴くことはないが、たまに「チュンチュン」という小鳥のような鳴き声を上げる。

POINT!
冬眠状態にならないよう、冬場の室温管理を徹底! 飼育下で冬眠にはいるとそのまま目覚めないことも……。

リスの珍獣たち

13本のしま模様が特徴的！
ジュウサンセンジリス
Thirteen-lined ground squirrel

POINT!
からだをさわられるのを好まない個体も多いので無理なスキンシップはせず、ゆっくりと距離を縮めていこう！

DATA

価格 **¥15,000** 飼育難易度 🐾🐾 寿命 5〜8年
学名 Ictidomys tridecemlineatus 分類 ネズミ目リス科ジリス属
分布 カナダ南部からアメリカ北部にかけて
頭胴長 17〜30cm 尾長 6〜13cm 体重 110〜270g

リスの珍獣たち

　背中から横腹にかけてのしま模様が特徴のジリス。このしま模様は13本の茶色の線や白い点で構成され、名前の由来となっている。体型や顔つきはプレーリードッグに似ていて、細いしっぽをもつ。

　地上で活動し、あたたかい日中はとくに活発になる。草食傾向の強い雑食性で、食料は果物や木の実、ネズミなど小型の哺乳類、幼虫など。すばやい動きで昆虫も捕食する。小さな群れもしくは単独で行動し、寒くなると地下に掘った巣穴で冬眠する。通常時の呼吸数は1分間に100〜200回だが、冬眠中は5分に1回まで呼吸数を減らし、代謝をゆるやかにしていく。

　美しく凛と透き通った鳴き声は、まるで鈴虫のよう。すぐれた聴力で、かすかな物音にも敏感に反応する。性格は臆病で神経質、警戒心も強いので、人になつきにくいといわれている。

プレーリードッグのそっくりさん
リチャードソンジリス
Richardson's ground squirrel

DATA

価格 **¥28,000**　飼育難易度 🐾　寿命 5〜8年

学名 Urocitellus richardsonii　分類 ネズミ目リス科ジリス属

分布 カナダからアメリカ北部にかけて

頭胴長 29〜33cm　尾長 4〜5cm　体重 250〜500g

　容姿が似ていることから「ミニプレーリードッグ」としてペットショップで販売されることもあるリチャードソンジリス。

　草原地帯で、地下に掘ったトンネル状の巣穴で暮らす。おもに単独で行動するが、食料の豊富な場所では群れのように集まる。頬袋をもち、冬眠前に食料を巣穴に貯蔵しておく。食料は草や葉、種子、バッタなどの昆虫である。野生で暮らすメスの寿命が3〜4年なのに対し、オスは1年ほどと非常に短い。これは繁殖期になわばり争いによって深い傷を負い、多くのオスが死んでしまうためだ。繁殖は年に一度、冬眠から目覚めた春におこなう。春にメスと効率的に出会うため、オスは早めに冬眠にはいり、メスが巣穴から出てくるのを待つのだ。20日ほどの妊娠期間の後、一度に平均7〜8匹を出産。

POINT!

驚いたときや警戒しているときに、おしりから突起が3つある臭腺を出すが、病気ではないので安心を!

リスの珍獣たち

黒いしっぽの草原の犬
オグロプレーリードッグ
Black-tailed prairie dog

DATA

価格 ¥180,000 **飼育難易度** 🐾 **寿命** 6〜9年

学名 Cynomys ludovicianus

分類 ネズミ目リス科プレーリードッグ属 **分布** 北アメリカ

頭胴長 28〜35cm **尾長** 8〜11cm **体重** 900〜1400g

　草原地帯に複数の家族が集まり、複雑なトンネル状の巣穴で暮らす。巣穴を掘るときはするどい爪と前歯を使う。鼻の穴は開閉式になっており、土のなかでの生活に適している。おもな食料はイネ科の植物の草や種子など。トゲのあるサボテンも食べることが可能で、食物から水分を摂取している。

　コヨーテ、タカ、アナグマなど外敵が多く、とくに、プレーリードッグを好んで捕食するクロアシイタチは最大の天敵だ。警戒心が強く、巣穴の出入り口にはかならず見張り役がいる。2本の後ろ足で立ち上がって遠くまで見渡し、外敵を発見すると大きな声でなかまに危険を知らせる。安全になるとバンザイのようなポーズをして、『キャイーン』とイヌに似た声で鳴く。そのため「草原の犬」という意味の名がつけられた。

POINT!
ペストや野兎病などの感染症を媒介する恐れがあるため、国内での繁殖個体だけが飼育可能。販売店で確認してから購入しよう!

リスの珍獣たち

Q フクロシマリスって、おなかに袋をもつシマリスなの?

A 名前にシマリスとついていますが、リスのなかまではありません。

　長いしっぽや白と黒のしま模様など、リスのような見た目をしていますが、フクロシマリスのメスは、おなかにこどもを育てる「育児嚢」という袋があり、カンガルーと同じ有袋類に属します。フクロモモンガ科ですが、飛膜はもっていないので滑空はできません。

フクロシマリス
Striped possum

学名 Dactylopsila trivirgata
分類 **カンガルー目フクロモモンガ科**
頭胴長 24〜28cm　尾長 31〜39cm　体重 250〜525g

夜行性で、オーストラリアなどに生息。食料は木の葉や果実、小動物で、前足の長い薬指で木のなかの幼虫を引き出して食べる。しっぽの内側の一部分は無毛。性格はおだやかでおとなしい。

第3章 うさぎの珍獣たち

簡単に抱き上げることのできる小さなカイウサギ
ブリタニア・ペティート
Britannia petite

DATA

価格 ¥80,000　**飼育難易度**　**寿命** 7～10年

学名 Oryctolagus cuniculus

分類 ウサギ目ウサギ科アナウサギ属

原産国 イギリス

頭胴長 25～30cm

体重 500～1100g

日本国内での流通量が少なく、非常に珍しい品種である。最大でも1100gの体重はウサギのなかでは非常に軽い。鼻先からしっぽのつけ根までの長さは25〜30cmしかなく、世界最小のカイウサギといわれるネザーランド・ドワーフと同じくらい小さいが、耳はブリタニア・ペティートのほうが、やや小ぶりなのが特徴。

　首からしっぽにかけて美しいアーチを描き、小柄ながらノウサギにも似た野性味のあるスレンダーなからだつきが魅力的だ。全身の毛は短く、毛色は黒、白、栗色が多い。暑さや高湿度に弱いため、室内の温度管理には気をつけること。やや神経質で自己主張や独立心は強いが、人になれやすいといわれている。少しずつスキンシップをして距離を縮めていけば、甘えん坊な一面も見られるだろう。

うさぎの珍獣たち

POINT!

28度を超えると熱中症になるなど非常に危険! 部屋の温度は15〜26度に保とう!

フランスの巨大ウサギ
フレミッシュ・ジャイアント
Flemish giant

DATA

価格 **¥80,000**　飼育難易度 🐾　寿命 7〜8年

学名 **Oryctolagus cuniculus**　分類 **ウサギ目ウサギ科アナウサギ属**

原産国 **オランダ**　頭胴長 **40〜60cm**　体重 **5〜11kg**

POINT!
足の病気にならないように、食事量の管理を徹底して、肥満にさせないことが重要!

「フランスの巨人」という意味の名前をもち、ウサギとは思えないほどの大きなからだをしている。しっかりと成長した場合、大きさは1mを超し、体重は20kgにもなる。これは中型犬とほとんど変わらないサイズだ。

　原産国のオランダではもともと食用であり、肉がたくさんとれるように巨大なウサギへと品種改良が進められた。通常のウサギのように跳びはねることはあまりなく、動きはゆったりとしている。重たいからだを支える足への負担が大きいため、足の裏に炎症が起きることもある。この炎症はなかなか治らず、治っても再発する可能性が高い。短毛種ではあるが、からだの肉つきが良いため、暑さに弱い。個体によって毛色はさまざまで、黒や白、淡い黄みがかった褐色、灰色などがある。

うさぎの珍獣たち

ノウサギのようにスマートで美しいからだ
ベルジアン・ヘアー
Belgian hare

DATA

価格 ¥90,000　**飼育難易度** 🐾　**寿命** 7〜10年

学名 Oryctolagus cuniculus　**分類** ウサギ目ウサギ科アナウサギ属

原産国 イギリス　**頭胴長** 40〜60cm　**体重** 2700〜4100g

　名前の意味は「ベルギーのノウサギ」。品種が定着したのはイギリスだが、もともとベルギーで飼育されていたことに由来している。

　筋肉質なからだつきとほっそりとした足はノウサギのように見えるが、ベルジアン・ヘアーは飼育用のカイウサギである。大きさは中型で、首からしっぽにかけてのアーチ型がしっかりと出ているのが特徴。体毛は深みのある赤みがかった褐色で光沢感があり、少しごわごわとした独特な手ざわりをしている。走りは速く、ヨーロッパではウサギのレースに用いられた歴史がある。すぐれた聴力をもち、急に大きな音がするとパニックを起こし、走りまわって暴れることもあるため、静かで落ち着いた飼育環境が必要だ。意外に甘えん坊で、感情表現の豊かな個体も多い。

POINT!

細い足は骨折しやすいので要注意! 飼育環境の整備をおこなうこと。

うさぎの珍獣たち

小さなからだと小さなたれ耳が愛らしい
ホーランド・ロップイヤー
Holland lop ear

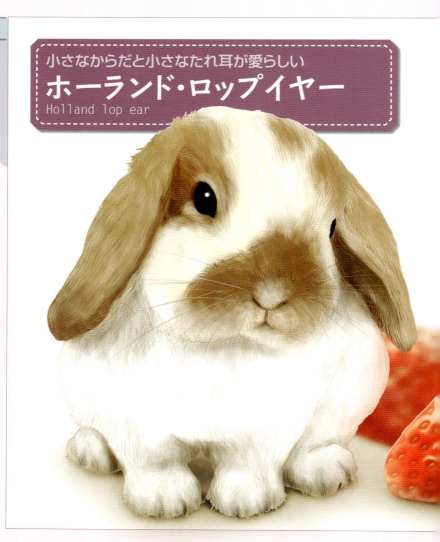

DATA

価格	¥40,000〜80,000	飼育難易度	🐾	寿命	7〜10年

学名 Oryctolagus cuniculus
分類 ウサギ目ウサギ科アナウサギ属
原産国 オランダ　頭胴長 30〜35cm　体重 1300〜2000g

うさぎの珍獣たち

POINT!
飼育ゲージが広すぎても狭すぎてもストレスに……。成長に合わせて買い替えよう!

　からだが小さいことから「ミニ・ロップ」とも呼ばれ、アメリカにあるウサギのブリーダー協会で1980年に承認されたカイウサギである。

　大型でたれ耳のフレンチ・ロップと小型で立ち耳のネザーランド・ドワーフをかけ合わせて生まれたこどもと、長いたれ耳が特徴のイングリッシュ・ロップイヤーを交配させ、誕生した。カイウサギのなかでは比較的、小型の品種である。目と目のあいだは広く、つぶれたような鼻先が特徴。小さなからだは意外と筋肉質で、体毛は短くやわらかい。周囲の音をよく聞くために、たれた耳を軽くもち上げる動作をする。甘えん坊でのんびりとした性格や、好奇心旺盛で活発な性格の個体が多い。一度に平均6〜8匹を出産し、こどもの成長はほかのウサギよりもゆっくりとしている。

なが～いたれ耳
イングリッシュ・ロップイヤー
English lop ear

DATA

価格 **¥100,000**　飼育難易度 🐾　寿命 **7～10年**

学名 **Oryctolagus cuniculus**　分類 **ウサギ目ウサギ科アナウサギ属**

原産国 **イギリス**　頭胴長 **30～40cm**　体重 **4000～5000g**

　床につくほどたれ下がった大きく長い耳が特徴。この耳を左右に広げると、長さはなんと70cmもあり、一定以上の長さがないとイングリッシュ・ロップイヤーとは認められていない。1700年代から飼育され、もともとは食用だった。たれ耳ウサギへの品種改良にも多く用いられ、現在いるロップイヤー種の原種といわれている。

　からだの大きさは中型から大型で、胸や首まわりの肉つきが良い。暑さや寒さに弱く、体質的に太りやすいので温度や食事の管理を徹底することが大切。温和でおっとりとした性格で好奇心が強く、高い知能とすぐれた記憶力もある。耳の内側は蒸れやすく、耳ダニが繁殖しやすいので、病気を防ぐために耳の掃除を定期的におこなうと良い。飼育ケージに耳を引っかけて怪我をすることもあるので要注意。

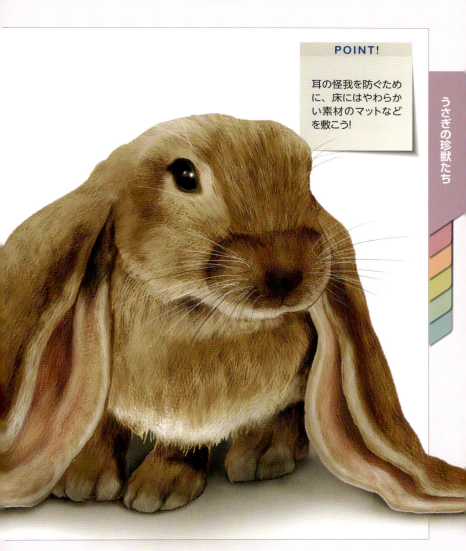

POINT!

耳の怪我を防ぐために、床にはやわらかい素材のマットなどを敷こう!

うさぎの珍獣たち

> **Q** ウサギみたいなネズミがいるって本当?

> **A** 本当です!

トビウサギは、長い立ち耳や大きな後ろ足で跳びはねる姿がウサギにそっくりです。生態はまだまだ不明点が多く、現在はネズミのなかまとされています。発達した聴覚、視覚、嗅覚で小動物を捕食し、穀物類や果実も食べる雑食性なので、食性はウサギよりもネズミに近いです。

トビウサギ
Spring hare

学名 Pedetes capensis
分類 ネズミ目トビウサギ科
頭胴長 27〜40cm
尾長 35〜47cm
体重 3000〜4000g

アフリカ東部や南部のサバンナや乾燥地帯に生息し、夜行性で、単独もしくはオスメスの夫婦で行動する。水に濡れるのを嫌うため、雨期は巣穴から出ない。すぐれた跳躍力で2mも跳ぶことが可能。

第4章 さるの珍獣たち

ペット人気NO.1のやんちゃなサル
コモンリスザル
Common squirrel monkey

DATA

価格 ¥400,000　**飼育難易度** 🐾　**寿命** 10〜20年

学名 Saimiri sciureus　**分類** サル目オマキザル科リスザル属

分布 南アメリカ北部

頭胴長 27〜33cm　**尾長** 35〜41cm　**体重** 700〜1300g

　アマゾン川流域の熱帯林に生息。群れの個体数は100頭を超すこともある。外敵が近づいてくると大きな声で鳴いてなかまに危険を知らせるなど、鳴き声でコミュニケーションをとる。その多彩な声はまるで小鳥のようだ。

　オマキザル科のなかでもっとも小さい種類で、細身のからだをもつ。体毛の内側は黄色で外側は緑がかった色、長いしっぽの先端には黒い毛が生えている。人間に似た平爪をもち、木登りをする際は、爪を引っかけるのではなく手やうでの力を使う。おもに果実や木の実、樹液、昆虫、小型の両生類を食べる雑食性である。160〜170日の妊娠期間の後、1匹を出産。まれに2匹産むこともある。オスは育児には参加しない。活発でいたずら好きだが、寂しがり屋の一面もあり、人になつきやすい。

POINT!

本来は群れで暮らす動物なので、寂しさには強くない。定期的に遊んであげよう!

さるの珍獣たち

道具をたくみに使う、賢すぎるサル
フサオマキザル
Brown capuchin

DATA

価格 ¥450,000　**飼育難易度**

寿命 30年以上　**学名** Cebus apella

分類 サル目オマキザル科オマキザル属

分布 南アメリカ　**頭胴長** 33〜45cm

尾長 41〜49cm

体重 3000〜4500g

熱帯雨林などの樹上で10〜20頭の群れで活動する。頭の両側に生えた房毛が特徴だが、メスはあまり立派に生えないことが多い。一夫多妻制で、一度に1頭を出産し、こどもはゆっくりと成長する。雑食性でおもに木の葉やコウモリなどの小動物、鳥の卵を食べ、とくに甘く熟れた果実を好む。すぐれた知能と記憶力があり、さまざまな生き物の行動を熟知し、採食時に役立てている。

器用な手で石をつかみ、殻つきのクルミを割るなど、道具をたくみに使うサルはフサオマキザル以外にはいない。長いしっぽは木の枝に巻きつけてぶら下がることができ、後ろ足も器用で、短距離であれば二足歩行も可能だ。好奇心旺盛で愛嬌もあるため、アメリカでは近年、「介助ザル」としてからだの不自由な人々の手助けをおこなっている。

さるの珍獣たち

POINT!

感受性が豊かなので、しつけをするときも暴力はダメ！一生のトラウマになってしまうかも……。

大きな瞳の赤ちゃんのようなサル
ショウガラゴ
South african galago

DATA
価格 ¥400,000　　**飼育難易度** 🐾🐾🐾　　**寿命** 10〜13年
学名 Galago senegalensis　**分類** サル目ガラゴ科　**分布** アフリカ
頭胴長 14〜15cm　**尾長** 22〜30cm　**体重** 140〜420g

　人間の赤ちゃんに似た声で鳴くことから「ブッシュベイビー」とも呼ばれる。森林で樹上生活をしており、おもに単独行動だが、小さな家族の群れで暮らすこともある。完全な夜行性で、大きな目のなかには「輝板」という膜があるため、わずかな明かりでも周囲を見ることが可能だ。

　すぐれた跳躍力で垂直に3m以上も跳ぶことができ、外敵のフクロウやジャコウネコに遭遇するとすばやく跳びはねて逃げる。体毛は灰色で、しっぽは体長よりも長い。親指以外の指の先端にふくらみがあるのが特徴だ。雑食性で、食料は昆虫や小鳥、果実など。食料を得られないときはアカシアの木などの樹脂を舐めてしのぐ。妊娠期間は120〜140日で、一度に1〜2匹を出産。生まれたばかりのこどもの体重は12gほどしかない。おとなしい性質の個体が多い。

POINT!

大きな音にストレスを感じるため、飼育ケージの設置は静かな場所に!

食事のメニューはほとんど樹液だけ!
ピグミーマーモセット
Pygmy marmoset

DATA

価格 ¥800,000　**飼育難易度** 🐾　**寿命** 10〜12年
学名 Cebuella pygmaea　**分類** サル目オマキザル科マーモセット属
分布 南アメリカ　**頭胴長** 12〜15cm　**尾長** 17〜23cm　**体重** 120〜190g

　アマゾン川上流域の森林で5〜10匹の家族の群れで暮らしている。巣穴は木の空洞や植物がからみ合った茂みなど。昼行性で、採食は単独でおこなう。果実や昆虫も食べるが、食料のおよそ70％は樹液と樹脂である。樹液を効率的に得るために、木の幹にするどい歯で傷をつけ、樹液が染み出した翌日に再訪する。このように翌日以降に食料を得るため行動するのは人間とピグミーマーモセットだけだ。

　鳴き声は3〜4万ヘルツの超音波で、人間はほとんど聞きとることができない。毛色はオリーブ色で、丸まった状態だと人の手におさまるほど、からだは小さい。しっぽは体長よりも長く、ふさふさと毛が生えている。1998年に、体長6〜7cmのピグミーネズミキツネザルが発見されるまで世界最小のサルといわれていた。

POINT!
エサはサル用フードや野菜、果実が基本だが、たんぱく質を補給するためにミルワームやコオロギ、ヨーグルトなども与えよう!

さるの珍獣たち

どんなときも、ゆっくりゆったりとした動き
ピグミースローロリス
Pygmy slow loris

DATA

価格 **¥600,000** 　飼育難易度 🐾 　寿命 10〜20年
学名 Nycticebus pygmaeus 　分類 サル目ロリス科スローロリス属
分布 東南アジア 　頭胴長 20〜30cm 　尾長 1〜2cm 　体重 230〜600g

「小さくて、動きの遅い道化師」を意味する名前のとおり、動きはゆっくりだ。しかし、物音を立てないため、外敵に見つかりにくい利点がある。

夜行性で、熱帯雨林の樹上に生息し、おもに単独で行動をする。首や関節は柔軟でよく動き、後ろ足は力強い。手足の裏に尿をかけて移動し、なわばりにマーキングをおこなう。雑食性で、食料はおもに樹脂や果実、種子、小動物のほか、毒をもつアリや毛虫も食べる。わきの下やひじの内側あたりから毒液を分泌し、毛づくろいをして全身に毒液を付着させて身を守る。外敵のヘビやオランウータンに襲われそうになると、するどい歯に毒液を塗り、噛みつくことで相手にダメージを与える。性格は神経質で臆病。驚いたときなど、反射的に噛みつくことがある。

白い毛で着飾っている
コモンマーモセット
Common marmoset

DATA
価格 **¥350,000**　飼育難易度 🐾　寿命 7〜10年
学名 Callithrix jacchus　分類 サル目オマキザル科マーモセット属
分布 **南アメリカ**　頭胴長 19〜22cm　尾長 30〜35cm　体重 300〜360g

　熱帯雨林や乾燥した低木林に生息し、小さな群れで行動する。群れの個体数は平均9匹で、多いときは15匹を超える。繁殖は群れでもっとも優位なオスとメスのみがおこない、一度にかならず2匹のこどもを産む。なかまと協力し合って子育てする。こどもの体毛は茶色だが、おとなになるに従って灰色や茶色、黄色などがまざった複雑な色をなる。からだは小さく、長いしっぽには模様があり、顔の両側に生えた白い房毛が特徴だ。食料は昆虫や爬虫類、木の実、樹脂など。体温の調整機能が弱いため、気温の変化に影響されやすく、とくに寒さに弱い。
　おだやかな性格だが、警戒心は強く、学習能力や適応力は比較的高い。マーモセットとは現在のフランス語で「小さくてグロテスクなもの」という意味にも用いられる。

POINT!
動物用のヒーターやエアコンで室内をあたたかく保とう。ただし、エアコンの風はからだに良くないので直接当たらないように注意!

さるの珍獣たち

あざやかな、美しい手をもつサル
アカテタマリン
Red-handed tamarin

DATA
価格 **¥500,000**　飼育難易度 🐾🐾🐾　寿命 7〜16年
学名 Saguinus midas　分類 サル目オマキザル科　分布 南アメリカ
頭胴長 23〜30cm　尾長 30〜35cm　体重 500〜600g

　あざやかなオレンジ色をした四肢の先が特徴。学名の「Midas」は、触れたものをすべて黄金に変えた伝説のあるギリシャ神話のミダス王のことを指す。

　湿潤な熱帯雨林に生息する。家族の群れで暮らし、おもに果実や樹液、昆虫を食べる雑食性。からだの大きさと比べて体重は軽く、あざやかな手足に対して、からだ

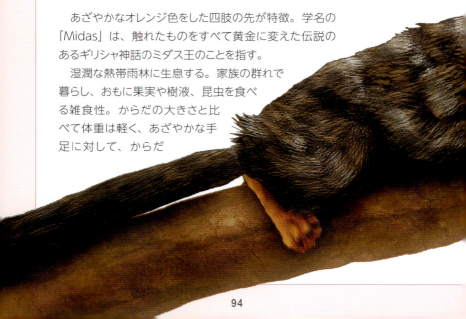

は黒い毛で覆われている。耳の上部は折れ曲がっており、するどいカギ爪は木登りに適している。一度に2匹を出産するが、まれに3匹のこともある。こどもの頬やひたいには白いぶち模様があり、成長するにつれてなくなっていく。オスは子育てに協力的で、こどもをおぶって移動することもよくある。好奇心旺盛で観察力もあり、一般的にはあまり知られていないが、サル愛好家のあいだでは人気の高いサルだ。

さるの珍獣たち

POINT!

昼行性なので朝にエサを与えよう。夜だと生活サイクルが崩れてしまうので注意!

Q 世界最速のサルを教えて!!

A 最高時速50km超えの「パタスモンキー」が最速のサルといわれています。

パタスモンキー
Patas monkey

パタスモンキーはアフリカ西部から東部に生息し、赤茶色の体毛をもつ大型のサルです。速く走るには「引き締まった胴体」「長さの等しい四肢」「長いしっぽ」の3つの条件があり、パタスモンキーはそのすべてを満たしています。長距離走も得意という、驚異の身体能力を有しています。

学名	Erythrocebus patas
分類	サル目オナガザル科 パタスモンキー属
頭胴長	50〜75cm
尾長	50〜74cm　体重 4〜13kg

1頭のオスがリーダーとなり、群れを率いる。乾燥した土地に生息するが、ひどい干ばつに見舞われると水不足で多くの個体が死んでしまう。特定動物に指定されているので飼育には届け出が必要だ。

第5章

ウシ・ウマの珍獣たち

こどもたちを背に乗せて走る!
シェトランドポニー
Shetland pony

DATA
価格 **¥1,000,000**	飼育難易度 🐾🐾🐾🐾	寿命 30年以上
学名 Equus coballus	分類 **ウマ目ウマ科**	原産国 **イギリス**
頭胴長 90〜107cm	尾長 35〜50cm	体重 140〜250kg

　ポニーとは体高が143cm以下のウマの総称であり、そのなかでも体高107cm以下の個体が正式にシェトランドポニーと認められている。原産国はシェトランド諸島。狭い炭坑内での運搬作業や農耕で需要が高まり、小型のウマへと品種改良が進められた。現在はおもにこどもの乗馬用として活躍するほか、ショーやセラピー、障害をもつ人々を助ける「介助馬」にも利用。小型のウマに品種改良する際の原種として活用され、日本の動物園でも多く飼育されている。

　短い四肢と、長いたてがみとしっぽの毛が特徴。冷たい空気を温まった状態で肺のなかにいれるため、鼻筋は大きい。からだは丈夫で、昼夜問わずよく見える目とするどい聴覚をもつ。毛色は鹿毛や芦毛などさまざま。温和で賢く、社会性も高いため、多頭飼育しやすい。

POINT!

10畳ほどの広さでも飼育できるが、走りまわることのできる広大な土地があるのが理想。

ウシ・ウマの珍獣たち

犬のように小さなお馬さん
ファラベラ
Falabella

DATA
価格 ¥1,000,000
飼育難易度 🐾🐾🐾🐾 **寿命** 20〜30年
学名 Equus coballus **分類** ウマ目ウマ科
原産国 アルゼンチン **頭胴長** 70〜80cm
尾長 60〜70cm **体重** 30〜100kg

　体高143cm以下のポニーより小型の種であるミニチュアホースは、体高83cm以下のウマの総称。ファラベラはミニチュアホースに分類され、小さな個体だと体高40cmほどにしかならず、イヌとほぼ変わらない大きさだ。品種改良にはシェトランドポニーが用いられ、アルゼンチンのファラベラ家が品種として成立させた。

　最小の家畜ウマで、人間のこどもすら背中に乗せることができないため、パレードやショー、ペットとして活用される。アメリカでは障害をもつ

人々の介助をする「盲導馬」などとしても活躍しているが、その訓練には1年以上かかる。視界が350度と広く、左右の目はそれぞれ別の物を見ることが可能。完全な草食性で、草や穀物、野菜、果物などを食べる。短い睡眠時間でも活動可能なのは、草食動物が外敵から身を守るための特性だ。

POINT!
かならずリードを装着してから、毎日散歩に出かけよう!

ウシ・ウマの珍獣たち

オスもメスも角をもつヤギ
シバヤギ
Shiba goat

DATA

価格 **¥60,000**　飼育難易度 🐾🐾　寿命 12～14年
学名 Capra hircus　分類 ウシ目ウシ科ヤギ属　原産国 日本
頭胴長 100～120cm　尾長 50～60cm　体重 20～30kg

　長崎県やその周辺の島々で飼育されていた食用のヤギを品種改良して生まれたシバヤギ。オスメスともに角をもつが、オスのほうが大きく太い角になる。体毛は白色で、褐色や黒の模様がはいる個体もいる。特定の繁殖期はなく、妊娠期間は150日前後で、一度に2～3頭を出産。生まれたこどもが母親の乳を吸えない状況が続くと、母親は子育てを拒否してしまう。環境の変化に適応することが得意で、からだは強く、病気にかかりにくいが、高温多湿には弱い。草食性で、アザミなどのトゲの生えた葉を食べることもできる。糞の量が多く、決まった排せつ場所をもたないため、歩きながら排せつをすることもよくある。甘えん坊で寂しがり屋な性格のことが多く、かまってほしいときや遊びたいときには大きな声で鳴く。

ウシ・ウマの珍獣たち

POINT!

ティッシュや新聞紙など、紙類は消化できずにおなかにたまってしまうので与えないで!

自由で、きまぐれすぎる性格
ロバ
Donkey

DATA
価格 ¥700,000　**飼育難易度** 🐾🐾🐾🐾　**寿命** 40〜50年
学名 Equus asinus　**分類** ウマ目ウマ科ウマ属　**分布** アフリカ
頭胴長 200〜220cm　**尾長** 30〜45cm　**体重** 200〜250kg

POINT!
法律上は車道であればロバに乗って走ることが可能だが、急に歩かなくなるなど、危険なのでやめておこう!

　家畜用のロバの祖先は、野生種のアフリカノロバと考えられている。家畜としての歴史はウマよりも古く、中国では現在も多くの頭数が飼育され、食用にもされている。
　野生のロバは群れをつくらず、単独で行動しているので、飼育する際も単独が理想。からだは丈夫で病気になりにくく、暑さや寒さのほか乾燥にも強い。ウシなどほかの家畜よりも必要な水分量が少なく、水を飲まずに長期間の活動が可能だ。ウマほど速くは走れないが、持久力があり、力も強いため荷物の運搬作業を得意とする。利口で我慢強く、人になつきやすい反面、非常に頑固で、気分屋な性格。歩かないと決めたら、まったく歩かなくなるなど、ウマのような従順さはないため、日本では家畜として定着しなかったようだ。

ウシ・ウマの珍獣たち

アルパカ
愛らしい顔で、いきなり唾を吐きかける!
Alpaca

DATA

価格 **¥1,800,000** 　飼育難易度 🐾🐾🐾🐾🐾

寿命 **15〜20年** 　学名 **Vicugna pacos**

分類 **ウシ目ラクダ科** 　分布 **南アメリカ**

頭胴長 **120〜220cm** 　尾長 **15〜25cm** 　体重 **50〜75kg**

　家畜としての歴史は2000年以上前にはじまったとされる。毛色は茶色、黒、白、灰色の4色で、ぶち模様のある個体もいる。黒など濃い毛色は染めにくいことから、白色の個体ばかり飼育される傾向にある。およそ2年間、毛を刈りとらずに伸ばすと、毛先が地面につくほど長くなる。毛は2種類あり、手ざわりがふわふわで厚みのある「ワカイヤ」、ドレッドヘアのようにツイストしてさらさらした手ざわりの「スリ」に分類される。

　くちびるはよく動き、まるで笑っているような表情で「フェー」と鳴く。上の前歯はなく、硬化した皮膚があるのみ。ウシなどのように反芻をする。胃から未消化の食物も含まれた強烈なにおいのする唾液を吐きかける威嚇行動をとるので、近づくときは注意が必要だ。

POINT!

1頭だけでは体調を崩してしまうかも……。群れでいることが通常なので、多頭飼育をしよう。

ウシ・ウマの珍獣たち

背中に2つのこぶをもつラクダ
フタコブラクダ
Two-humped camel

DATA

価格 ¥2,300,000　**飼育難易度** 🐾🐾🐾🐾🐾

寿命 20〜40年　**学名** Camelus bactrianus

分類 ウシ目ラクダ科ラクダ属　**分布** 東アジア

頭胴長 250〜300cm　**尾長** 50〜55cm

体重 450〜690kg

　野生種はほぼ絶滅しているといわれ、現存するのは家畜として飼育されてきたフタコブラクダのみ。

　砂漠地帯に群れで生息し、厳しい環境にも適応できる。砂が体内にはいるのを防ぐために、小さな耳と開閉式の鼻の穴をもち、目には密度のある長いまつ毛が生え、まぶたのほかに瞬膜もある。くちびるはかたく、サボテンなどトゲのある植物を食べられる。胴体が地面の反射熱の影響を受けにくいように四肢は長い。茶褐色の体毛は、冬は寒さから身を守るために厚みが増し、あたたかくなると抜け落ちる。背

中の2つのこぶには50〜80kgの脂肪が蓄えられている。食料を摂取しないとこの脂肪は消費されてこぶが小さくなっていく。およそ10分間で100ℓ近い水を飲むことができ、10か月ほど水を飲まず、少ない食料のみで生きることが可能。

ウシ・ウマの珍獣たち

POINT!

こぶがたれ下がっていても大丈夫！エサと水を与えれば、もとに戻るので安心を。

Q ミニブタって子犬くらいの大きさのままなの?

A 体重100kg以下のブタを総称してミニブタと呼ぶので、非常に大きくなるかもしれません。

通常の家畜ブタは体重200kg以上なので、100kg以下はブタのなかではミニサイズ。体重が最大50kgのポットベリー種など、ミニブタにはさまざまな品種がいますが、ミニブタと思って飼ったら普通サイズのブタだった、なんてこともあるようなので、販売店に血統の確認をしてから購入するのが安心です。

ポットベリー・ピッグ
Potbellied pig

学名 Sus scrofa domesticus
分類 ウシ目イノシシ科
頭胴長 60〜76cm
体高 38〜48cm
体重 20〜40kg

「太鼓腹のブタ」という意味の名前のとおり、背中が反ってぽっこりとおなかが出ているのが特徴。まっすぐなしっぽの先には房毛が生えている。適応能力が高く、甘えん坊でおとなしい性格の個体が多い。

第6章 とべる珍獣たち

空飛ぶリス
アメリカモモンガ
Flying squirrel

DATA
価格 ¥30,000　**飼育難易度** 🐾🐾　**寿命** 5年
学名 Glaucomys volans
分類 ネズミ目リス科アメリカモモンガ属　**分布** 北アメリカ
頭胴長 14〜14.5cm　**尾長** 9〜11.5cm　**体重** 50〜80g

　森林地帯の樹上で、おもに単独で行動する。巣穴は木の空洞やキツツキの古巣。頬袋に食料を詰めこみ、巣穴へ運んで冬に備え、冬になると一つの巣穴に20匹以上が集まって体温が低下しないように身を寄せ合って過ごす。おもな食料は果実や木の実、樹液、コケ類で、そのほか昆虫や鳥のヒナなども食べる雑食性。
　前足から後ろ足にある飛膜を広げて、木から木へ滑空する。滑空時は平らな形状のしっぽで舵とりをして、目的の木が近づくと空気抵抗を増やして減速。四肢のするどいカギ爪を木に引っかけて着地する。外敵に遭遇する確率も高く、移動にエネルギーを消費するため、地上に降りることはめったにない。妊娠期間は40日ほどで、2〜6匹を出産。ある程度、決まった場所で排せつをおこなう習性がある。

とべる珍獣たち

POINT!
登り木を設置した、高さのある飼育ケージを用意しよう。巣穴は高い位置に設置すると良い。

空飛ぶ座布団!?
オオアカムササビ
Red giant flying squirrel

DATA
価格 **¥1,500,000**　飼育難易度 🐾🐾🐾🐾🐾

寿命 15年　学名 Petaurista petaurista

分類 ネズミ目リス科ムササビ属

分布 アジア南部　頭胴長 37〜45cm

尾長 36.5〜49cm

体重 1000〜3000g

POINT!
からだが大きいので、ストレスを軽減させるために飼育ケージから出して、広い室内で遊ばせてあげよう。

飛膜を広げて滑空する姿が、まるで座布団のようだといわれるオオアカムササビ。ムササビの特徴は前足と後ろ足のあいだに加え、前足と首、後ろ足としっぽのあいだにも飛膜があることだ。風に乗ると木から木へと200mも滑空可能だが、たまに目的の木までたどりつけず、地面に落下してしまうこともある。

スリランカや中国南部、台湾などの森林に生息し、木の空洞を巣穴とする。単独もしくは2〜5頭で共同生活することが多い。草食性で、木の葉や芽、果実、木の実、花を食料としている。夜行性で、周囲が薄暗くなった日没ごろから採食をおこない、明るくなる前には巣穴にもどる。赤茶色の毛で覆われ、四肢やしっぽの先、目と鼻のまわりなどは黒っぽい。

とべる珍獣たち

空を飛ぶ! カンガルーのなかま
フクロモモンガ
Sugar glider

DATA

価格 **¥20,000〜100,000**　飼育難易度 🐾

寿命 5〜10年　学名 Petaurus breviceps

分類 カンガルー目フクロモモンガ科フクロモモンガ属

分布 オーストラリア、ニューギニア島

頭胴長 16〜21cm　尾長 16〜21cm

体重 95〜160g

　アメリカモモンガはネズミのなかまに分類されているが、フクロモモンガはカンガルーのなかまだ。メスのおなかにはこどもを育てるための「育児嚢」という袋がある。
　夜行性で、6〜7匹の小さな群れで行動する。飛膜を広げ、木々のあいだを50mも滑空していく。食料は昆虫や幼虫、果実、アカシアやユーカリの樹液など。樹液が染み出しやすいように樹皮を前歯で剥ぎとるため、フクロモモンガがよく訪れる木の幹は表面がボロボロになる。オスは性成熟するとひたいが禿げ上がり、メスよりも体臭が強くなっていく。これは唾液や尿のほか、肛門や足か

とべる珍獣たち

POINT!

エサはミルワームや昆虫などたんぱく質を中心に、カルシウムなどのサプリメントも与えて健康を維持しよう!

ら分泌液、ひたいや胸から分泌したにおいを、なわばりやなかまに付着させる習性があるためだ。臆病で警戒心が強く、大きな物音に敏感に反応する。

さまざまなフルーツを食べるコウモリ
デマレルーセットオオコウモリ
Leschenault's rousette flying fox

DATA
価格 **¥50,000** 飼育難易度 🐾 🐾 🐾 🐾

寿命 **10〜20年** 学名 **Rousettus leschenaulti**

分類 **コウモリ目オオコウモリ科ルーセットオオコウモリ属**

分布 **アジア** 頭胴長 **9.5〜12cm** 尾長 **1〜1.8cm** 体重 **45〜106g**

　哺乳類で唯一、鳥のように飛べるコウモリのなかでも、果実を食べる種類を総称して「フルーツバット」と呼ぶ。

　洞窟のなかで2〜3匹、多いと2000匹を超える群れで生活。夜行性で、夕方ごろから行動を開始する。大きな目の感度は高く、超音波も発するので暗い場所も飛行可能だ。オオコウモリ科のなかでは小型で、顔はイヌやキツネのよう。灰色がかった明るい茶色のやわらかな体毛が生えている。寒さに弱いが、冬眠はしない。妊娠期間は100日前後で、1〜2匹を出産し、生まれてすぐ自力で母親の胸のあたりに移動して抱きついたまま成長する。果物を食べたときに口のなかに残った繊維は吐き出すため、消化が早い。排せつ量は多く、食べた果物の種類により、糞の色やにおいが変化する。

とべる珍獣たち

POINT!
飼育下での繁殖は比較的、容易。もしもこどもが母親のからだから落ちてしまった場合は人工保育に切り替えよう!

巨大な翼をもつオオコウモリ
インドオオコウモリ
Indian flying fox

DATA
価格 ¥200,000　**飼育難易度** 🐾🐾🐾🐾　**寿命** 15〜20年
学名 Pteropus giganteus　**分類** コウモリ目オオコウモリ科
分布 東南アジア　**胴長** 19〜23cm　**尾長** 0cm　**体重** 900〜1600g

　デマレルーセットオオコウモリよりもはるかに大きく、オオコウモリ科のなかでも最大級。つばさを広げると、なんと1.5mを超える巨大コウモリである。キツネに似た顔のため、「空飛ぶキツネ」とも呼ばれる。顔つきはするどいが、比較的おとなしく、温厚な性格の個体が多い。コウモリにも関わらず、超音波を発することはできないが、目の感度がすぐれているため、視覚だけを頼りにして夜間も飛行可能。

　日中は木の枝などにぶら下がった状態で休む。一生涯、同じ木の枝を使い続けることも。暗くなりはじめると採食に向かう。果物や花、花の蜜、花粉を食べる「フルーツバット」である。メスは出産もぶら下がったままでおこない、一度に1匹、ときには2匹のこどもを産む。生まれたばかりのこどもの体重は40〜50gしかない。

POINT!
明るい場所は苦手なので、室内は暗めに。日中は飼育ケージに布を被せるなどしてあげよう。

とべる珍獣たち

からだが大きめのワラビー
ベネットワラビー
Red-necked wallaby

DATA

価格 ¥300,000　**飼育難易度** 🐾🐾🐾　**寿命** 7〜10年

学名 Macropus rufogriseus

分類 カンガルー目カンガルー科カンガルー属

分布 オーストラリア東南部、タスマニア島

頭胴長 65〜93cm　**尾長** 62〜88cm　**体重** 11〜27kg

　ワラビーとは、カンガルー科のなかでも小型の種類を指し、メスのおなかには「育児嚢」がある。ベネットワラビーは、ワラビーのなかでも比較的大型。体毛は赤茶色から灰褐色で、白い毛が混ざっており、上唇の上部に白い線があるのが特徴だ。首のまわりに赤い毛が生えることから「アカクビワラビー」とも呼ばれるが、オーストラリア本土に生息する個体をアカクビワラビー、タスマニア島などに生息する個体をベネットアカクビワラビーと呼び分けることもある。

　ユーカリの木が生えた森林で暮らし、朝や夕方の涼しい時間帯に草原で採食をおこなう。草や木の葉、木の枝、果実を食べる草食性。前足の手首を舐める行動は、カンガルー類によく見られ、唾液の蒸発により血液の温度を下げ、体温の上昇を防いでいるのだ。

POINT!
好奇心が強く、何でも口のなかにいれてしまうので注意すること！

とべる珍獣たち

Q カンガルーはオスのおなかにも袋があるの？

A オスにはありません。「育児嚢」という子育て用の袋で、メスだけがもっています。

生まれたばかりのこどもは体長2.5cm、体重0.75gしかありませんが、自力で母親の袋にはいっていきます。いつでも母乳が飲めるように育児嚢のなかには乳首があり、こどもは排せつも袋のなかでしますが、母親が定期的に舐めて清潔に保っています。

アカカンガルー
Red kangaroo

学名	Macropus rufus
分類	カンガルー目カンガルー科カンガルー属
頭胴長	85〜160cm
尾長	65〜120cm
体重	20〜90kg

カンガルーのなかでもっとも大きな種類。乾燥した森林や草原に生息し、群れで暮らす。大きな後ろ足で跳ぶように走る。時速45kmで走り続ける持久力をもち、最高時速は64kmにも達する。

第 7 章

ハンターな珍獣たち

好奇心旺盛で、遊び好きなイタチ
フェレット
Ferret

DATA
価格 **¥20,000〜130,000**　飼育難易度 🐾　寿命 5〜10年
学名 Mustela putorius furo　分類 ネコ目イタチ科イタチ属
分布 ヨーロッパ、北アフリカ　頭胴長 30〜46cm　尾長 8〜17cm
体重 500〜1500g

ヨーロッパケナガイタチという野生種のイタチがフェレットの祖先である。あまり警戒心がなく、好奇心旺盛で人になつきやすい。簡単な芸も覚えることが可能で、しなやかなからだは簡単にせまいところへはいれることから、煙突掃除などで活躍した。肉食性で、リスやネズミ、トカゲ、鳥などを捕食し、ウサギ狩りにも用いられた歴史がある。意外に泳ぎも得意。

もともと夜行性で、明け方や夕方ごろ活発になるが、一日の睡眠時間は18〜20時間と非常に長い。寒さ暑さに弱いので、温度管理は重要だ。オスは発情期をむかえると体臭が強くなる。また、頻繁にマーキングをおこない、攻撃性も増す。しかし、現在はほとんどの個体が生後まもなく避妊、去勢、肛門腺摘出をして販売されているのでその点は心配ない。

ハンターな珍獣たち

POINT!

せまいところへはいるとなかなか出てこないので、室内で遊ばせるときは目を離さないように!

古代エジプトでも飼育されていたイエネコの祖先
リビアヤマネコ
African wild cat

DATA

価格 ¥500,000　**飼育難易度** 🐾🐾🐾　**寿命** 14〜18年

学名 Felis silvestris lybica　**分類** ネコ目ネコ科ネコ属

分布 北アフリカ、西アジア、アラビア半島

頭胴長 45〜73cm　**尾長** 21〜38cm　**体重** 1500〜6000g

　夜行性で、サバンナや低木林をはじめサハラ砂漠にも生息し、さまざまな環境に適応している。雑食性で、おもにネズミやヘビ、トカゲ、鳥、昆虫などをすばやい動きで捕らえ、ときには果実も食べる。

　イエネコの祖先といわれるリビアヤマネコは、世界各地で人気のイエネコ「アビシニアン」の近縁だと考えられている。砂漠の砂の色に同化しやすい毛色は、アビシニアンとよく似ている。生態はイエネコとほぼ変わらないが、イエネコよりも耳は大きく、手足やしっぽは長いため、ほっそりとした印象がある。古代エジプトではネコを神格化しており、ネコのあたまと女性のからだをもつ「バステート女神」の像や装飾を施した棺におさめられたミイラなどが発掘されている。このネコのミイラのほとんどが、なんとリビアヤマネコであるそうだ。

ハンターな珍獣たち

POINT!
飼育方法はイエネコと同じでOK！キャットタワーを設置して、たくさん運動をさせて、細身の体型を維持しよう！

鳥の卵を豪快に投げ割る!
コビトマングース
Dwarf mongoose

DATA

価格 ¥**250,000**　**飼育難易度** 🐾🐾🐾　**寿命** 15年

学名 Helogale parvula

分類 ネコ目マングース科コビトマングース属　**分布** アフリカ

頭胴長 18〜28cm　**尾長** 14〜19cm　**体重** 230〜680g

POINT!

卵を与える際は、室内が汚れにくいようにゆで卵にしてもOK！

マングース科でもっとも小さく、細長い胴体と短い四肢をもつ。体毛は茶色で、まだらに黒や赤色の毛が生えている。性格は神経質で警戒心が強い。

オスメスの夫婦もしくは20匹ほどの家族の群れで、サハラ砂漠以南のサバンナで暮らす。群れでもっとも優位なオスとメスがリーダーとなり、繁殖をおこなう。劣位のオスと優位なメスが交尾をおこなったとしても流産するか、生まれたこどもはなかまに殺されてしまう。岩のすき間やアリ塚を巣穴とする。広いなわばりを頻繁に移動して、同じ巣穴に3日以上とどまることはない。食料は昆虫やネズミ、毒をもつサソリなどで、ときどき果実や木の実も食べる。鳥の卵を食べるときは、手で卵をつかみ、足のあいだから投げて岩にぶつけるという独特な方法で割る。

ハンターな珍獣たち

姿勢良く、立ち上がった姿が印象的
ミーアキャット
Meerkat

DATA

価格 ¥350,000 　**飼育難易度** 🐾🐾　**寿命** 12〜14年

学名 Suricata suricatta

分類 ネコ目マングース科スリカータ属　**分布** 南アフリカ

頭胴長 25〜35cm　**尾長** 17〜25cm　**体重** 600〜975g

　サバンナや乾燥地帯に生息。地面に掘ったトンネル状の巣穴で、いくつかの家族が集合し、合計30匹ほどの群れで暮らす。それぞれの家族に繁殖をおこなうオスとメスが1組ついて、それ以外の個体は協力し合い、ヘルパーとして子守りをする。非常に賢く、なかま思いで、ヘルパーはこどもたちの成長に合った狩りの方法を教える。

　日の出とともに活動を開始し、晴れた日は日光浴をしてからだを温める。倒木やアリ塚の上で2本の後ろ足で立ち上がって周囲を見渡し、コブラやハブ、ジャッカルといった外敵への警戒を怠らない。外敵を発見すると、金切り声で激しく鳴き、なかまへ危険を知らせる。食料は昆虫やクモ、小型の哺乳類や爬虫類、果実、木の実などで、毒をもつサソリも好物だ。

POINT!

イヌのようにしつけることはできないが、ある程度、決まった場所で排せつをおこなうので、トイレの設置場所を工夫しよう。

ハンターな珍獣たち

大きな耳と大きな瞳のキツネ
フェネックギツネ
Fennec fox

DATA

価格 **¥900,000**　飼育難易度 🐾　寿命 10〜12年
学名 **Vulpes zerda**　分類 ネコ目イヌ科キツネ属
分布 **北アフリカ、西アジア**　頭胴長 24〜41cm
尾長 18〜31cm　体重 800〜1500g

　地面に掘った細長い巣穴に、10匹以下の小さな群れで暮らす。昼夜の寒暖差が激しい砂漠地帯に生息しており、やわらかく厚い毛皮で、太陽の熱や夜の寒さから身を守っている。また、足の裏にも毛が生えているため、日差しで熱された地面も歩行可能だ。15cmもの大きさの耳はイヌ科最大で、わずかな音も聞きわけるほか、熱を逃がして

体温調整をする役割もある。

　水分はおもに食物から摂取し、長期間、水を飲まずに活動できる。おもに果実や葉、ネズミや昆虫などの小動物、鳥とその卵を捕食。よく響く甲高い声とすぐれたジャンプ力をもち、特技は穴掘り。ふさふさした大きなしっぽの先端には黒っぽい毛が生えている。イヌとネコをかけ合わせたような性格といわれているが、非常に臆病なため人になつきにくい。

ハンターな珍獣たち

POINT!

穴掘りが大好きなので、室内飼育の場合、床や壁、カーテンがボロボロになることを覚悟の上で飼育を開始しよう。

しま模様のあるふさふさのしっぽがチャームポイント!
カコミスル
Ring-tailed cat

DATA
価格 **¥400,000**　飼育難易度 🐾🐾🐾　寿命 8～12年
学名 Bassariscus astutus
分類 ネコ目アライグマ科カコミスル属　分布 北アメリカ
頭胴長 30～42cm　尾長 31～44cm　体重 800～1500g

POINT!
可愛らしいが、意外と獰猛……! 見た目だけで判断して、飼育をはじめないように!

岩石地帯や乾燥地帯に生息し、樹上、地上どちらでも活動する。なわばり意識が強く、排せつ物でマーキングをおこない、なわばりに侵入している個体を発見すると激しく攻撃を加える。俊敏に動き、ネコのように引っこめられるするどい爪とすぐれた聴覚を使って、昆虫やネズミ、小型の鳥などを捕食するほか、果実や木の実も食べる雑食性。

　特徴的なしま模様のあるしっぽは毛がふさふさと生え、長さは体長と同じくらいだ。このしっぽがあることで、バランスを崩しやすい樹上でもすぐに方向転換し、移動可能である。大きな目の上にはまゆ毛のような白い模様がある。アメリカ各地の鉱山でネズミを駆除する目的で飼育され、現在もペットとしていることも多い。こどものころから飼育すると人になれやすくなる。

ハンターな珍獣たち

なかまと一緒に、にぎやかにエサ探しをする
アカハナグマ
South american coati

DATA

価格 **¥380,000**　飼育難易度 🐾🐾🐾　寿命 14年

学名 Nasua nasua　分類 ネコ目アライグマ科　分布 南アメリカ

頭胴長 41～70cm　尾長 32～70cm　体重 2500～7000g

　一夫多妻制で10～20頭の群れで行動し、多いときには60頭以上にもなる。オスはおとなになると単独行動が増え、肉食傾向も強くなるため、群れのこどもを食べてしまうこともある。食料は木の実やキノコ、小動物、鳥の卵などで、ときには死肉も食べる雑食性。採食時には、多彩な鳴き声でなかまとコミュニケーションをとりながら、騒々しく動きまわる。外敵

POINT!
群れで暮らすが、家族以外の個体はなかまに加われないことも多いので、多頭飼育する際は様子をしっかりと観察すること。

に威嚇するときは吠えるような声で鳴き、するどい爪と歯で攻撃する。

　柔軟性のあるとがった鼻先は、木の割れ目にいる昆虫を捕食するのに役立つ。しっぽにはしま模様があり、体毛は茶褐色や灰褐色など。四肢の先は黒く、クマのように足の裏全体を地面につけて歩く。ハナジロハナグマと見た目などが似ており、同種と見なす場合もある。

ハンターな珍獣たち

コツメカワウソ
賢くて、やんちゃな名スイマー
Small clawed otter

POINT!

水辺に生息しているため、毎日、水浴びをさせてあげよう!

DATA

価格 **¥1,000,000** 飼育難易度

寿命 12〜13年 学名 Aonyx cinerea

分類 ネコ目イタチ科

分布 南アジア、東アジア、東南アジア

頭胴長 45〜61cm 尾長 25〜35cm

体重 1000〜5000g

川などの水辺で、10〜12頭の群れで生活しているイタチの仲間。「コツメ」という名前のとおり、小さな爪が特徴で、カワウソのなかでもっとも小さい種類だ。マレーシアでは、日本の鵜飼いのような漁をカワウソでおこなっており、人間との関わりは深い。

昼も夜も活動するが、とくに早朝から日中や、夕方のまだ明るい時間帯は活発さが増す。長く太い尾で舵をとりながら水中を自由自在に泳ぎ、魚や淡水の貝類、カエルなどを捕食する。手先が器用で、食料を手でつかんで食べることが多く、とくにザリガニやカニなどの甲殻類を好んで食べる。一度に1〜6匹、平均2匹を出産し、子育ては夫婦で協力しておこなう。人になれやすく、やんちゃで甘えん坊な個体が多い。賢いので、簡単な芸も覚えられる。

ハンターな珍獣たち

ハイエナらしくないハイエナ
アードウルフ
Aardwolf

POINT!
ハイエナらしくない
ハイエナでも、ハイ
エナ科はすべて特定
動物に指定されてい
るので、飼育の届け
出は必須!

DATA

価格 **¥1,800,000**　飼育難易度 🐾🐾🐾🐾🐾　寿命 13〜18年
学名 Proteles cristatus　分類 ネコ目ハイエナ科
分布 アフリカ東部、アフリカ南部
頭胴長 85〜105cm　尾長 20〜30cm　体重 9〜14kg

ハンターな珍獣たち

　獲物を奪うなど、ずる賢いイメージのあるハイエナのなかま。しかし、アードウルフは内気でおとなしい性格の個体が多く、ハイエナ科のなかでも異色の存在だ。
　地下にある巣穴はトビウサギなどの古巣を拡張させ、長さ7〜9mの幅広のトンネルを2本以上、直径1mの寝室用の空間もつくる。日が沈みはじめると、採食を開始。基本的には単独だが、数頭の小さな群れで行動することもある。食料はシロアリで、とくに毒をもつシロアリが大好物。毒を中和する成分の含まれる粘性の強い唾液をもち、幅広の長い舌で舐めとるように食べる。小さくしか開かない口のなかには櫛状の小さな歯が並び、あごの力は非常に弱いので肉を引きちぎって食べることはできない。おしりの臭腺から、強いにおいのする液体を出してマーキングをおこなう。

黒い耳をもつサバンナの狩人
カラカル
Caracal

DATA
価格 **¥1,000,000**　飼育難易度 🐾🐾🐾🐾🐾　寿命 16年以上

学名 Felis caracal　分類 ネコ目ネコ科　分布 アフリカ、中東、インド

頭胴長 60〜92cm　尾長 23〜31cm　体重 6〜19kg

　カラカルはトルコ語で「黒い耳」を意味する。三角形の立ち耳の先端から、黒い色の長い房毛が生えており、この特徴が名前の由来となった。聴覚はすぐれており、耳とその周辺には20個もの筋肉がついているため、自由自在に耳を動かすことが可能。

　ほっそりと引き締まったからだは、黄みがかった赤褐色の体毛で覆われ、あごの下からお腹にかけては白い毛が生えている。すぐれた跳躍力で垂直に3mも跳ぶことができ、飛んでいる鳥を前足でたたき落として捕食。足の裏に毛が生えているため足音を立てずにすばやく移動し、強い力で大きな獲物も捕らえる。こうした身体能力の高さから、アフリカでは狩りに同行させるためにペットとして飼育することが多いそうだ。

ハンターな珍獣たち

POINT!
「特定動物」に指定されている獰猛で危険性の高い動物を飼育するには届け出が必須！ 飼育の許可が下りてから購入すること。

> **Q** キツネみたいなふさふさのしっぽ! これはキツネなの?

> **A** キツネではなく、「キイロマングース」というマングースの一種です。

三角形の耳や赤みがかった黄色の毛色などがよく似ていますが、キツネのなかまではありません。キイロマングースは赤みをおびた目が特徴のマングースです。ピンと背筋を伸ばし、後ろ足で立ち上がった姿がミーアキャットにそっくりなので「レッドミーアキャット」とも呼ばれています。

キイロマングース
Yellow mongoose

学名 Cynictis penicillata
分類 ネコ目マングース科　**頭胴長** 25～40cm
尾長 18～30cm　**体重** 440～800g

比較的小型のマングース。乾燥地帯に生息し、8～20頭の群れで暮らす。地下に掘った巣穴でミーアキャットやジリスたちと共同生活することもある。肉食性で、昆虫や鳥、哺乳類などを食べる。

第8章 ふしぎな珍獣たち

ネズミという名のつくモグラのなかま
ヨツユビハリネズミ
Four-toed hedgehog

DATA

価格 **¥15,000〜40,000**　飼育難易度 🐾　寿命 6〜10年

学名 Atelerix albiventris

分類 ハリネズミ目ハリネズミ科アフリカハリネズミ属

分布 西アフリカから東アフリカにかけて

頭胴長 13〜30cm　尾長 3〜5cm　体重 400〜1100g

英名の「Hedgehog」はもともと「垣根のブタ」を意味する。鼻先で地面を掘るようにして昆虫やミミズを探して食べる姿から、このような名前がつけられたといわれている。さまざまな動物を捕食し、ネズミやヘビ、カエル、鳥の卵のほか、ムカデも食べる。

「ヨツユビ」というとおり、後ろ足の指は4本である。小さな目の視力は弱いが、聴力と嗅覚はとても発達している。背中に生えた5000本もの針は、体毛が変化したものだ。通常時、針はからだに沿うように寝ているが、フクロウやジャッカルなどの外敵に襲われそうになると、針

POINT!
飼育しはじめたばかりで慣れていないときは、針が刺さらないように手袋をしてから、やさしくさわってみよう。

ふしぎな珍獣たち

の生えていないおなかを守るため、からだを丸めて針を逆立てる。生まれてすぐは針がなく、全身がやわらかい毛で覆われており、成長とともに針状に変化していく。

ハリネズミによく似た姿のテンレック
ヒメハリテンレック
Lesser hedgehog tenrec

DATA

価格 **¥55,000**　飼育難易度 🐾🐾　寿命 **3〜9年**
学名　Echinops telfairi
分類　**アフリカトガリネズミ目テンレック科ヒメハリテンレック属**
分布　**マダガスカル南部および南西部**
頭胴長　**14〜18cm**　尾長　**0〜1cm**　体重　**110〜250g**

POINT!
ハリネズミに似た習性があるため、主食はハリネズミ用フードでOK! ミルワームやコオロギなどの生餌もときどき与えよう。

ふしぎな珍獣たち

テンレックのなかでもっとも小型の種類で、背中にびっしりと生えた針や顔つきなどはハリネズミにそっくりだ。しかし、ヒメハリテンレックはハリネズミのなかまではなく、アフリカトガリネズミ目という独立した分類に属している。

乾燥した高地などに生息。夜行性で、木の空洞などを巣穴として、樹上、地上どちらでも活動をおこなう。体温はつねに低く、活動しているときでも30〜35度しかない。気温が低くなると冬眠にはいる。おもな食料はミミズや昆虫で、このほかに小型の哺乳類や爬虫類、果実なども食べる雑食性。背中の針は抜けにくく、ハリネズミほどかたくはない。しっぽはほとんどなく、するどい爪は木登りや穴掘りに役立つ。ストレスに弱く、非常に臆病な性格だが、のんびりとしておだやかな一面もある。

トラみたいな色をしたテンレック
シマテンレック
Streaked tenrec

DATA
価格 **¥100,000**	飼育難易度 🐾🐾	寿命 3〜9年

学名　Hemicentetes semispinosus
分類　アフリカトガリネズミ目テンレック科
　　　シマテンレック属
分布　マダガスカル中部および東部
頭胴長　16〜19cm　　尾長　0〜1cm
体重　80〜280g

　アフリカのマダガスカル島にしか生息していないテンレックたちのなかでも、シマテンレックは黄色と黒のしま模様という派手な姿が特徴的だ。背中に生えた、長さ8〜9cmのトゲにはそれぞれ円盤状の特殊な筋肉がついており、このトゲをこすり合わせて『ジー』という音を出す。これは羽をこすり合わせて音を出す鈴虫やコオロギと似た原理。のどが小さく、声を出すのが不得意なため、音を出して群れのなかまとコミュニケーショ

ンをとっているのだ。あたまにはやわらかいトゲ状の毛がトサカのように生えている。

　長くとがった鼻先で土を掘り、昆虫とその幼虫、ミミズなどを見つけて捕食する。体温はもともと30〜35度しかないが、冬は周囲の気温に合わせて体温を下げ、なんと2度まで体温が下がることもある。

POINT!

体温の調節機能が発達していないので、動物用のヒーターなどを使って、飼育ケージをあたためよう！

ふしぎな珍獣たち

大きなネズミのような不思議な生き物
コモンテンレック
Common tenrec

DATA
価格 ¥180,000　**飼育難易度** 🐾🐾　**寿命** 3〜9年
学名 Tenrec ecaudatus
分類 アフリカトガリネズミ目テンレック科テンレック属
分布 マダガスカルおよびコモロ諸島
頭胴長 25〜39cm　**尾長** 1〜1.5cm　**体重** 1500〜2400g

POINT!
しつこくなでたりさわったりすると、噛みつかれる可能性があるので注意!

　コモンテンレックは最大種のテンレック。平均体温は28度で、ひんやりと冷たいからだをしている。哺乳類にも関わらず、爬虫類などの変温動物のように体温を一定に保つのが苦手で、体温は最高でも35度までしか上がらず、寒さに弱い。

　視力はあまり良くなく、嗅覚を頼りに行動している。とがった鼻先を動かしてにおいを嗅ぎ、昆虫やミミズを捕食。そのほか小型の哺乳類や爬虫類、果実も食べる。あたまや首のまわりにトゲ状の毛が生えており、外敵に遭遇したときは毛を逆立てて『キーキー』と鳴き、跳びはねて威嚇

ふしぎな珍獣たち

し、噛みついて応戦する。平均10〜12匹、最高で32匹を出産。メスの乳首の数は29個もある。これは哺乳類でもっとも多い数といわれている。生まれたこどもは、からだに白と黒のしま模様をもつ。

オポッサムは子だくさん!
ハイイロジネズミオポッサム
Gray short-tailed opossum

DATA

価格 **¥33,000** 飼育難易度 🐾 寿命 2〜6年
学名 Monodelphis domestica 分類 オポッサム目オポッサム科
分布 南アメリカ 頭胴長 13〜16cm 尾長 6.5〜7.5cm 体重 80〜150g

熱帯雨林などに生息し、基本的には単独で生活。木の空洞や岩の割れ目を巣穴とするが、ときには民家にも巣をつくる。おもに昆虫を食料とし、哺乳類や爬虫類、果実なども食べる。体毛は灰色がかった茶色で、しっぽは食料をつかむことや木の枝につかまることも可能。寒くなると冬眠する。

ネズミのような見た目だが、げっ歯類ではなく有袋類に属す。しかし、メスのおなかには育児嚢がない。14〜15日と非常に短い妊娠期間の後、平均7〜9匹、多いと15匹を出産する。生まれたばかりのこどもの目はまだ開いておらず、体重はなんと0.1gほどしかない。生後2週間は母親の乳首に吸いついてぶら下がったまま過ごす。からだが大きくなり、目も開くと、今度は母親の背中にしがみつくように乗る。5〜6か月で性成熟する。

POINT!
夜行性のため、もっとも活発になる夕方以降に、たんぱく質が豊富なドッグフードやミルワームなどのエサを与えよう!

ふしぎな珍獣たち

針だらけの奇妙なからだをした、卵を産む哺乳類
ハリモグラ
Short-beaked echidna

DATA

価格 **¥1,200,000**　飼育難易度 🐾🐾🐾🐾

寿命 40年以上　学名 Tachyglossus aculeatus

分類 単孔目ハリモグラ科ハリモグラ属

分布 オーストラリア、タスマニア島、ニューギニア島

頭胴長 30〜45cm　尾長 0〜1cm

体重 2000〜5000g

　哺乳類に分類されているが、胎児ではなく、うずらの卵ほどの大きさの卵を産む。基本的には一度に1個だが、多いときには2〜3個ほど産むこともある。メスはおなかの筋肉をたくみに使い、卵をいれておくための袋状のへこみをつくる。10日ほどで孵化し、こどもは体毛と針が生えるまで、袋のなかで母乳を飲んで過ごす。
　繁殖期以外は単独で行動し、特定のなわばりをもたず、森林地帯や岩礫地、草原などさまざま

な場所に生息する。小さくしか開かない口には、およそ18cmの長い舌があり、粘性の高い唾液でアリやシロアリ、ミミズを捕食。視力は良くないが、嗅覚と聴覚はするどい。あたまの後ろからしっぽにかけて生えた太い針の1本1本には独立した筋肉があるので、それぞれ別々に動かすことが可能。針は年に一度、生え変わる。

POINT!

エサはドッグフードやゆで卵、ヨーグルト、果物などをミキサーでペースト状にして与えよう!

ふしぎな珍獣たち

かわいい顔して、強烈なにおいを放つ
シマスカンク
Striped skunk

DATA

価格 ¥250,000　**飼育難易度** 🐾 🐾 🐾　**寿命** 40年以上
学名 Mephitis mephitis
分類 ネコ目イタチ科キヌスカンク属　**分布** 北アメリカ
頭胴長 33～46cm　**尾長** 18～26cm　**体重** 700～2000g

　草地や森林のほか、市街地など民家の近くにも姿をあらわし、北アメリカではよく見られるシマスカンク。おしりにある臭腺から強いにおいのする液体を飛ばすことで、外敵から身を守る。外敵に遭遇するとまず相手におしりを向けた状態でしっぽを上げて威嚇。襲われそうになるとスプレーのように液体を3m以上も飛ばす。からだにこの液体が付着した場合、においはしばらくとれず、目にはいると失明する恐れがある。このにおいを嗅いだことのある動物はスカンクと遭遇しただけで逃げ出すことも。

　意外にきれい好きで、体臭自体は強くない。からだの大きさはネコくらいで、白と黒のしま模様が特徴。この模様は外敵への警告をあらわす。性格は非常に臆病。肉食傾向の強い雑食性で、人間の残飯を漁ることもある。

ふしぎな珍獣たち

POINT!
臭腺があるまま飼育するのは難しいので、購入時に臭腺が除去済みか、しっかりと確認を!

「リスモドキ」とも呼ばれるリスのそっくりさん
コモンツパイ
Common tree shrew

POINT!
広くて高さのある飼育ケージで昼間はたっぷりと運動をさせて、夜はしっかりと寝かせてあげよう！

DATA

価格 ¥70,000　**飼育難易度** 🐾🐾🐾　**寿命** 8〜9年
学名 Tupaia glis　**分類** ツパイ目ツパイ科ツパイ属　**分布** アジア東南部
頭胴長 14〜21cm　**尾長** 12〜20cm　**体重** 147〜183g

　哺乳類の祖先に近い生き物といわれるツパイ。以前はモグラのなかまやサルのなかまに分類されていたが、現在は「ツパイ目」という独立した分類に属している。
　熱帯雨林などに生息し、単独で行動する。おもに地上活動だが、するどいカギ爪があるため、木登りも得意。昼行性で、朝や夕方ごろにとくに活発になる。食料はネズミやトカゲ、カエル、昆虫のほか、果実も食べる。一夫一妻制で、夫婦は同じ範囲のなわばりをもつが、行動は別々だ。一度に1〜4匹を出産し、こども専用の巣穴で育児をおこなう。育児方法は独特で、授乳は2日に1回、わずか数分のみ。母親は自身のにおいをつけてこどもを認識するため、このにおいがないと自分のこどもだとわからなくなる。こどもの成長は早く、生後4か月で性成熟する。

ふしぎな珍獣たち

まるで天狗のような顔をしているハネジネズミ
テングハネジネズミ
Chequered elephant-shrew

POINT!
日本の動物園でも飼育されていない珍しい動物なので、飼育をはじめる前に診てもらえる動物病院をかならず見つけておこう!

DATA

価格	**¥250,000**	飼育難易度 🐾🐾	寿命 4年
学名	Rhynchocyon cirnei	分類	ハネジネズミ目ハネジネズミ科
分布	アフリカ　頭胴長 23〜32cm　尾長 19〜27cm　体重 400〜450g		

とがった細長いかたちの鼻が「天狗」に似ていることから、この名前がついた。ハネジネズミはアフリカにしかおらず、おもに森林やサバンナ、半砂漠地帯に生息し、オスメスの夫婦で行動する。決まった活動時間はなく、とくに朝や夕方ごろに活発さが増し、暑い時間帯は巣穴で休むことが多い。

なわばり意識が強く、長い鼻をつねに動かして周囲のにおいを嗅ぎ、外敵のタカやヘビ、キツネなどがいないか警戒する。強いにおいの分泌液を臭腺から出し、マーキングをおこなう。大型のハネジネズミだが、四肢はシカのように細く、動きはすばやい。食料はアリやシロアリなどの昆虫、ミミズ、カタツムリなど。繁殖は年に最大で5回おこなわれ、42日ほどの妊娠期間を経て、1〜2匹を出産。生後2週間で離乳する。

ふしぎな珍獣たち

モグラ？ ネズミ？ ウサギ？ 謎の多いハネジネズミ
コミミハネジネズミ
Short-eared elephant-shrew

DATA

価格 **¥250,000**　飼育難易度 🐾🐾　寿命 4年
学名 Macroscelides proboscideus
分類 ハネジネズミ目ハネジネズミ科
分布 アフリカ　頭胴長 9.5〜13cm
尾長 8.5〜14cm　体重 31〜47g

POINT!
動きが非常にすばやいので逃げられないように注意！日本には生息していないので、生態系に影響を及ぼす可能性が……！

　謎めいた生態のハネジネズミは、これまでモグラ、トガリネズミ、ウサギのなかに分類されてきた。からだの大きさに対して比較的大きな脳と発達した視覚をもち、メスは月経が起きることから、サルに近い存在とも考えられていたが、現在は独立し、「ハネジネズミ目」に分類された。

　乾燥地帯の草原や森林、半砂漠地帯に生息し、巣は地面に掘ったトンネル状の穴。地上でのみ活動し、オスメスの夫婦で生活している。なわばりを守るために臭腺か

ら分泌液を出し、マーキングをおこなう。からだと同じくらいの長さのしっぽと丸いかたちの目が特徴。ハネジネズミのなかまは目のまわりが白いが、コミミハネジネズミにその特徴はない。鼻先をつねに動かしながら、非常に細い四肢でジャンプするようにすばやく移動する。

ふしぎな珍獣たち

なが〜い舌で蜜をなめる
キンカジュー
Honey bear

DATA

価格 **¥550,000**　飼育難易度 🐾　寿命 23年
学名 Potos flavus　分類 ネコ目アライグマ科キンカジュー属
分布 北アメリカから南アメリカにかけて
頭胴長 40〜76cm　尾長 39〜57cm　体重 1500〜4500g

　クマやサルに似ているが、アライグマのなかまに属している。アライグマ科の動物の特徴は、しっぽや目のまわりのしま模様だが、キンカジューにはその特徴はなく、黄褐色の毛で覆われている。丸い耳をもち、大きな目は夜の活動に適している。手は人間に似た形状で、指紋もあるが、爪は太くするどい。
「ハニーベアー」とも呼ばれるとおり、はちみつや花の蜜などの甘い物が大好物。15cmの長い舌を使って、花の蜜を吸いとるように食べる。グァバやマンゴーなどの果実やアボカドを好むほか、昆虫や小動物も食べる草食傾向の強い雑食性。樹上で活動し、地上にはめったに降りず、単独もしくは小さな家族の群れで暮らす。外敵への警告や交尾相手を呼ぶときは『ピーピー』『ブーブー』と鳴く。

POINT!

虫歯になってしまうので、はちみつは少量だけ与えよう！噛まれると破傷風に感染する可能性があるのですぐに病院へ！

ふしぎな珍獣たち

ボール状になれる唯一のアルマジロ
ミツオビアルマジロ
Brazilian three-banded armadillo

DATA

価格 ¥400,000　**飼育難易度** 🐾🐾🐾🐾　**寿命** 12〜15年

学名 Tolypeutes tricinctus

分類 被甲目アルマジロ科ミツオビアルマジロ属　**分布** 南アメリカ

頭胴長 20〜27cm　**尾長** 6〜8cm　**体重** 1000〜1500g

　恐竜絶滅後まもなく出現したといわれるアルマジロ。その見た目は哺乳類ではなく、まるで爬虫類のようだ。アルマジロはスペイン語で「鎧を着た小さなもの」を意味し、背中は皮膚が変化したうろこ状のかたい甲羅で覆われている。

　背中に3つの帯があり、ダンゴムシのように丸まることが可能だ。ほぼ球体になれるのはミツオビアルマジロ属のみ。丸くなることで、やわらかい皮膚が露出しているおなかを外敵から守る。森林や草原に生息し、活動は夜。日中は巣穴で休む。食料は昆虫とその幼虫、ミミズ、小型の爬虫類、木の根や果実のほか、死肉も食べる。生息地のブラジルなどでは、食用目的で人間によ

POINT!
肥満になると丸まることができなくなるので食事管理を徹底し、運動もさせよう。一度太ると痩せにくいので気をつけて!

る狩りがおこなわれ、土地開発による環境の変化も影響し、生息数は減少傾向にある。意外に甘えん坊な性格で、人になつきやすい。

ふしぎな珍獣たち

9つの帯をもつアルマジロ
ココノオビアルマジロ
Nine-banded armadillo

DATA

価格 **¥300,000**　飼育難易度 🐾🐾🐾🐾　寿命 15年

学名　Dasypus novemcinctus

分類　被甲目アルマジロ科ココノオビアルマジロ属

分布　北アメリカから南アメリカにかけて

頭胴長 35〜57cm　尾長 24〜45cm　体重 2500〜6500g

　地下に長いトンネル状の巣穴を掘り、単独で行動している。乾燥の強い地域を除き、低地の落葉樹林や熱帯雨林などさまざまな場所に生息。なわばりには、肛門の近くにある臭腺や足の裏などから出るにおいと排せつ物でマーキングをおこなう。するどい嗅覚で土のなかにいる昆虫やミミズを見つけて捕食するほか、小型の爬虫類や死肉、木の根、果実も食べる雑食性。基本的には夜行性だが、日中にも活動する。

　かたい甲羅の帯は通常9つだが、8〜10など個体差がある。ミツオビアルマジロのようにボール状になることはできない。外敵に遭遇するとやわらかいおなかを守るため

に、からだの下に手足をいれて地面に這いつくばる。メスは一卵性の4つ子を産む。こどもの背中は数週間かけて少しずつ硬化していく。

POINT!

穴掘りが大好きなので、頑丈で大きな飼育ケージに土などの床材をいれてあげよう!

ふしぎな珍獣たち

長く太い毛がバサバサと生えたアルマジロ
ケナガアルマジロ
Screaming hairy armadillo

DATA

価格 **¥250,000**　飼育難易度 🐾🐾🐾🐾　寿命 4〜16年

学名 Chaetophractus vellerosus

分類 被甲目アルマジロ科ケナガアルマジロ属　分布 南アメリカ南部

頭胴長 22〜40cm　尾長 9〜17cm　体重 1000〜3000g

　背中に幅広で平らな甲羅をもつ。甲羅の18列ほどの帯のあいだからは長さ3〜4cmの太い体毛がまばらに生え、おなかには短くやわらかい毛が生えている。7〜8列目の帯は蝶つがい状の関節なのでからだを丸くすることができるが、完全な球体にはなれない。外敵から身を守るときはココノオビアルマジロのように地面に這いつくばり、おなかを隠す。

　冬は十分な食料を確保できない可能性が高いので、食料豊富な夏にネズミやトカゲなどの小動物をたくさん捕食し、からだに脂肪を蓄える。そのため体重は最高で10％増、皮下脂肪の厚みは2cmにもなる。夏は比較的涼しい夜に活動し、冬はあたたかい日中へと活動時間を変化させる。アルマジロは脳が小さく、体温は33〜35度、代謝率は同じ体重の哺乳類の30〜45％と低い。

POINT!

アルマジロはよく寝る動物なので、睡眠中は起こさないようにしよう。

ふしぎな珍獣たち

ネズミみたいな見た目のゾウの親戚
ケープハイラックス
Cape hyrax

DATA

価格 **¥300,000**　飼育難易度 🐾🐾　寿命 10年
学名 Procavia capensis
分類 ハイラックス目ハイラックス科ハイラックス属　分布 アフリカ
頭胴長 30〜60cm　尾長 20〜31cm　体重 1800〜5400g

POINT!
室内で放し飼いする場合、高いところにあっても窓は開けっぱなしにしないように。壁を登って脱走してしまうかも……!

もともとはネズミのなかまに属していたが、丸い平爪はウマのひづめに、臼歯はサイやシマウマに近いことからゾウやウマのなかまと考えられた時期もあった。現在は独立して「ハイラックス目」に属す。

サバンナの険しい岩山などに生息し、大きな岩と岩のあいだに草を敷き、家族の群れで身を寄せ合って暮らしている。体温の調節機能が発達していないので、早朝から日光浴をして体温を上げる。食料はイネ科の植物や花、昆虫や死肉などで、食物から水分のほとんどを摂取している。弾力のある肉球は吸盤のような役割があり、垂直の壁を登ることも可能。日本の動物園で初めて飼育した際に、檻のなかのすべての個体が逃げ出したことがあった。しかし、帰巣本能が強いため、すぐに戻ってきたそうだ。

ふしぎな珍獣たち

穴掘りが得意! ブタのような生き物
ツチブタ
Aardvark

DATA
価格 **¥2,500,000**　飼育難易度 🐾🐾🐾🐾　寿命 20年
学名 Orycteropus afer　分類 ツチブタ目ツチブタ科
分布 サハラ砂漠以南のアフリカ
頭胴長 120〜160cm　尾長 45〜60cm　体重 50〜80kg

　英名の「Aardvark」は「地面を掘るブタ」を意味し、その名のとおりブタに似た鼻が特徴で、穴掘りを得意とする。前足の強靭な爪で、かたい地面でも、自身のおしりくらいまでからだを隠せる深さの穴を2〜3分で掘ることが可能だ。穴掘りには鼻先も使うが、土が鼻のなかにはいらないように、鼻毛がびっしりと生えている。太く長い舌は30cm以上あり、粘性の高い唾液でアリやシロアリを舐めとるようにして食べる。視力はあまり良くないが、ロバのように大きな耳の聴力はすぐれている。

　外敵はライオンやヒョウ、チーター、ハイエナ、大型のヘビなど、非常に多い。危険を察知すると、後ろ足2本で立ち上がって周囲をうかがう。あたまの骨が非常に弱いため、強く叩かれると最悪の場合、死んでしまう。

POINT!
非常に体臭が強く、からだも大きいので室内飼育は難しい。屋外で飼育するときは脱走しないように、頑丈なケージを用意しよう。

ふしぎな珍獣たち

毎夜毎夜、大量のアリを捕食する
キタコアリクイ
Northern tamandua

DATA

価格 ¥850,000　**飼育難易度** 🐾🐾🐾🐾　**寿命** 8〜12年

学名 Tamandua mexicana　**分類** アリクイ目オオアリクイ科コアリクイ属

分布 中央アメリカ、南アメリカ北部

頭胴長 50〜65cm　**尾長** 40〜67.5cm　**体重** 4〜8.5kg

　熱帯雨林やサバンナの草原に生息し、おもに単独で樹上にいることが多い。長いしっぽは、内側や先端に毛が生えていないため、木の枝に巻きつけやすくなっている。基本的には夜行性だが、それぞれの個体の性質や周囲の環境により、日中に活動することもある。外敵に遭遇すると、仁王立ちのようなポーズで威嚇する。

　コアリクイという名前のとおり、小型のアリクイで、アリやシロアリが大好物。ただし、攻撃性の強いグンタイアリなどは食べない。アリ塚のなかにいるアリを効率的に食べられるように、舌は長さ40〜60cm、直径1〜1.5cmと細い形状で、ネバネバとした唾液をまとっており、アリ塚にすばやく出し入れすることで一度に大量のアリを捕食可能だ。ただし、口は小さくしか開くことができない。

POINT!

大きなエサは食べられないので、ペースト状にしてビンなどの細い容器にいれてあげよう。

ふしぎな珍獣たち

誰よりもゆっくりと慎重に動く
フタユビナマケモノ
Two-toed sloth

DATA

価格 ¥980,000　**飼育難易度** 🐾🐾🐾🐾🐾　**寿命** 30年以上
学名 Choloepus didactylus　**分類** アリクイ目フタユビナマケモノ科
分布 中央アメリカから南アメリカにかけて
頭胴長 46〜86cm　**尾長** 1.5〜3.5cm　**体重** 4〜8.5kg

　ナマケモノという名のとおり、動きが非常にゆっくりで一日のうち20時間は寝ている。森林に生息し、生涯の大半を樹上で、木の枝にぶら下がって過ごす。前足の爪は長さ8〜10cmのフック状になっており、木の枝に引っかけやすい。地上では這って進むことしかできないが、泳ぎは得意だ。体温が30〜34度と低く、早朝から日光浴をしながら休み、夜に採食などをおこなう。おもに木の葉や木の実、果実を食べるが、からだの代謝がゆるやかなため、ほんのわずかな食料でも活動できる。

　丸くつぶれて凹凸のない顔が特徴。歯は意外とするどく、耳は体毛に隠れて見えないほど小さい。あまりに動かないので、ボサボサと生えた長い体毛の表面にコケが生えるが、コケがあることで景色と同化できるため、外敵から身を守るのに役立っている。

POINT!
週1回、排せつのため地上に下りるので、ぶら下がり専用の木から下りられるようにして、地上にはトイレ用の砂場を設置しよう。

ふしぎな珍獣たち

はだかで出っ歯のネズミ
ハダカデバネズミ
Naked mole-rat

DATA
価格 **¥200,000**	飼育難易度 🐾🐾	寿命 15年以上

学名　Heterocephalus glaber
分類　ネズミ目デバネズミ科ハダカデバネズミ属
分布　アフリカ東部　頭胴長 8〜9cm
尾長　3〜4.5cm　体重 30〜80g

　無毛のからだと口から飛び出した上下の前歯が特徴。地下に複雑なトンネル状の巣穴を掘り、200〜300匹の群れで暮らす。長期間、地下にいるので目はほとんど退化しているが、口のまわりや後ろ足の指のあいだ、しっぽにまばらに生えた感覚毛を頼りに行動している。全身の筋肉量の4分の1を占めるという発達したあごの筋肉を使って、かたい植物の根や球根も簡単に咀嚼できる。
　群れはアリやハチのような階級社会で、

1匹の女王、繁殖をおこなう数匹のオス、兵隊や雑用係りを担うオスメスで構成される。女王に昇格したメスは、胴体が長くなり、10〜14個ある乳は大きく張ってくる。繁殖をおこなえるのは女王のみで、一度に平均14匹を、年に4〜5回も出産するため、群れの個体数はどんどん膨れ上がっていく。

POINT!

多頭飼育は必須！気温の変化にデリケートなので、室温は29度前後を維持しよう！

ふしぎな珍獣たち

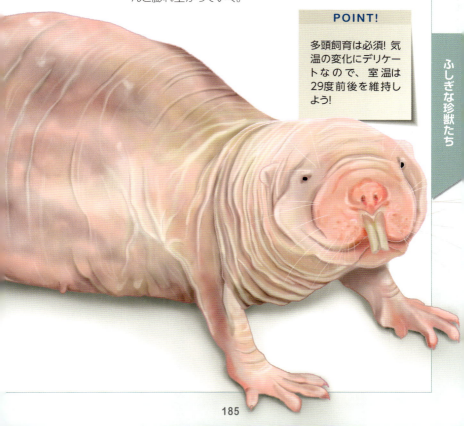

Q 都内でハクビシンを発見！もともと日本に生息している動物なの？

A 日本の在来種と考えられたこともありましたが、現在は外国からもちこまれた「外来種」とされています。

外来種とされた理由は「化石が未発見」「日本での生息域がまばらだった」「かつて毛皮用に輸入し、飼育していた」ことが挙げられます。日本では果樹園荒らしや民家への糞尿被害などが報告されていますが、狩猟免許が必要なので無断で捕獲しないようにしましょう。

ハクビシン
Masked palm civet

学名 Paguma larvata	分類 ネコ目ジャコウネコ科ハクビシン属
頭胴長 49〜76cm	尾長 40〜64cm　体重 3000〜5000g

山地にある森や雑木林の樹上で、単独もしくは小さな群れで暮らす。巣穴は木の空洞やタヌキなどの古巣。発達した臭腺をおしりにもつ。雑食性で、とくにミカンなど甘い果実が好物。

参考文献

- 「小動物の飼い方図鑑」監修・河野朝城（日東書院）
- 「かわいい小動物の飼い方」監修・平井博　著・道行めぐ（西東社）
- 「ほっこり動物園　ちいさな動物たち」（メディアパル）
- 「大自然のふしぎ 動物の生態図鑑」（学研）
- 「世界動物大図鑑 ANIMAL DKブックシリーズ」
  編集・デイヴィッド・バーニー、日高敏隆（ネコ・パブリッシング）
- 「朝日百科 動物たちの地球 哺乳類Ⅰ 8巻」
  「朝日百科 動物たちの地球 哺乳類Ⅱ 9巻」
  「朝日百科 動物たちの地球 人間界の動物たち 13巻」（朝日新聞社）
- 「NHKはろー!あにまる 動物大図鑑 ほ乳類 南北アメリカ編」
  「NHKはろー!あにまる 動物大図鑑 ほ乳類 アフリカ編」
  「NHKはろー!あにまる 動物大図鑑 ほ乳類 オーストラリア・海洋編」
  編集・NHK「はろー!あにまる」制作班（イースト・プレス）
- 「図説 哺乳動物百科3 オーストラレーシア・アジア・海域」
  監修・遠藤秀紀（朝倉書店）
- 「学研の図鑑LIVE 動物」監修・今泉忠明（学研）
- 「世界珍獣図鑑」今泉忠明（人類文化社）
- 「ポプラディア情報館 動物のふしぎ」監修・今泉忠明（ポプラ社）
- 「オーデュボン ソサイエティ 動物百科」編集・Jr. ジョン・ファーランド（旺文社）
- 「ジュニア学研の図鑑 動物」（学研）
- 「動物のくらし ほ乳類・鳥類・両生爬虫類」（学研）
- 「世界一カワイイ!動物の赤ちゃん大図鑑」監修・小宮輝之（日東書院）

アリーズ動物病院、動物病院うみとそら、ココニイル動物病院
総医院長 **助川昭宏**

1967年生まれ、東京都渋谷区出身。開業獣医師の家に生まれ、幼少の頃から様々な動物に身近に触れ合い、獣医師の道を目指す。平成5年、麻布大学を卒業し、都内の動物病院にて勤務。1998年に渋谷区笹塚にアリーズ動物病院、2010年に杉並区和泉に動物病院うみとそら、2015年に中野区野方にココニイル動物病院を開院。対象動物は犬や猫はもちろん、うさぎやフェレットから爬虫類に至るまでエキゾチックアニマルの診療も幅広く行っており、「全ての種類の動物に最高水準の医療とホスピスを提供する」「寄り添う医療」をモットーにスタッフと一丸になり診療を行っている。

アリーズ動物病院 〒151-0073 東京都渋谷区笹塚1-30-3 1F
TEL 03-3465-1222 HP http://www.allieys.com/

動物病院うみとそら 〒168-0063 東京都杉並区和泉3-60-12 1F
TEL 03-3327-1222 HP http://www.ah-umitosora.com/

ココニイル動物病院 〒165-0027 東京都中野区野方1-30-2 1F
TEL 03-3387-2211 HP http://www.coconi-iru.com/

イラスト

イラストレーター・グラフィックデザイナー
しょうのまき

1986年生まれ。神奈川県横浜市出身、東京都在住。美大卒業後、広告代理店を経て、2013年よりフリーに。店舗や企業のロゴ・広告物などのデザインを手がけるグラフィックデザイナーとして活動する一方、広告物・書籍・CDパッケージ・グッズなどのイラストを手がけるイラストレーターとしても活動中。絵のテイストは、ポップ・リアル・キュートなど、1点にしぼらずその時々により様々に描き分けることが得意。もっとも得意とするのが人物や動物画。製作ツールも、アナログ画やデジタル画など様々。また、趣味として製作しているトイレをモチーフとした作品は、公募展で優秀賞を受賞するなど、多方面で活動中。
ウェブサイト http://wc-makishono.com

Index 索引

あ
- アードウルフ —— 142
- アカカンガルー —— 124
- アカテタマリン —— 94
- アカハナグマ —— 138
- アフリカタテガミヤマアラシ —— 50
- アフリカヤマネ —— 20
- アメリカアカリス —— 56
- アメリカビーバー —— 48
- アメリカモモンガ —— 112
- アルパカ —— 106
- イングリッシュ・ロップイヤー —— 78
- インドオオコウモリ —— 120
- インドオオリス —— 58
- オオアカムササビ —— 114
- オオミユビトビネズミ —— 40
- オグロプレーリードッグ —— 66
- オブトアレチネズミ —— 22

か
- カイロトゲマウス —— 24
- カコミスル —— 136
- カピバラ —— 46
- カラカル —— 144
- キイロマングース —— 146
- キタコアリクイ —— 180
- キンカジュー —— 168
- ケープハイラックス —— 176
- ケナガアルマジロ —— 174
- ゴールデンハムスター —— 52
- ココノオビアルマジロ —— 172
- コタケネズミ —— 38
- コツメカワウソ —— 140
- コビトハツカネズミ —— 26
- コビトマングース —— 130
- コミミハネジネズミ —— 166
- コモンツパイ —— 162
- コモンテンレック —— 154
- コモンマーモセット —— 92
- コモンリスザル —— 82
- コロンビアジリス —— 60

さ
- シェトランドポニー —— 98
- シェルティ —— 30
- シバヤギ —— 102
- シマクサマウス —— 12
- シマスカンク —— 160
- シマテンレック —— 152
- シマリス —— 54

ジュウサンセンジリス	62
ショウガラゴ	86
スキニーギニアピッグ	34

た
チンチラ	36
ツチブタ	178
デグー	28
テッセル	32
デマレルーセットオオコウモリ	118
テングハネジネズミ	164
トビウサギ	80

は
ハイイロジネズミオポッサム	156
ハクビシン	186
ハダカデバネズミ	184
パタスモンキー	96
ハリモグラ	158
バルチスタンコミミトビネズミ	42
パンダマウス	10
ピグミースローロリス	90
ピグミーマーモセット	88
ヒメハリテンレック	150
ファラベラ	100
フェネックギツネ	134
フェレット	126
フクロシマリス	68
フクロモモンガ	116
フサオマキザル	84
フタコブラクダ	108
フタユビナマケモノ	182
ブリタニア・ペティート	70
フレミッシュ・ジャイアント	72
ベネットワラビー	122
ベルジアン・ヘアー	74
ホーランド・ロップイヤー	76
ポットベリー・ピッグ	110

ま
マーラ	44
ミーアキャット	132
ミツオビアルマジロ	170

や
ヨーロッパカヤネズミ	18
ヨーロッパハムスター	16
ヨツユビハリネズミ	148

ら
リチャードソンジリス	64
リビアヤマネコ	128
ロバ	104
ロボロフスキーハムスター	14

珍獣図鑑
シュールすぎる、89種の飼える哺乳類たち

監　　修	助川昭宏
イラスト	しょうのまき

発 行 日　2017年3月19日　初版第1刷発行

発 行 者　柳谷行宏
発 行 所　雷鳥社
　　　　　〒167-0043　東京都杉並区上萩2-4-12
　　　　　TEL 03-5303-9766　FAX 03-5303-9567
　　　　　http://www.raichosha.co.jp/
　　　　　info@raichosha.co.jp
　　　　　郵便振替　00110-9-97086

編集・執筆　佐川光
編集協力　中村徹

デザイン　新井美樹（Le moineau）

印刷・製本　シナノ印刷株式会社

定価はカバーに表示してあります。
本書の記事・イラストの無断転載・複写はかたくお断りいたします。
著作権者、出版者の権利侵害となります。
万一、乱丁・落丁本の場合はお取り替えいたします。

※本書に掲載されている内容は諸説ある場合がございます。
2016年10月までに集められた情報をもとに編集しておりますので、
情報などに変更のある可能性があります。

ISBN 978-4-8441-3718-4 C0045
© Raichosha 2017 Printed in Japan.